我们如何思维

HOW WE THINK

[美]约翰·杜威 著
伍中友 译

新华出版社

图书在版编目（CIP）数据

我们如何思维 /（美）杜威著；伍中友译 . —2 版
北京：新华出版社，2015.10
书名原文：how we think
ISBN 978－7－5166－2061－8

Ⅰ.①我⋯ Ⅱ.①杜⋯②伍⋯ Ⅲ.①思维方法—研究 Ⅳ.①B804
中国版本图书馆 CIP 数据核字（2015）第 232592 号

我们如何思维

作　　者：[美] 约翰·杜威	译　者：伍中友
出 版 人：张百新	选题策划：黄绪国
责任编辑：黄绪国	封面设计：图鸦文化
责任印制：廖成华	

出版发行：新华出版社
地　　址：北京石景山区京原路 8 号　邮　编：100040
网　　址：http：//www.xinhuapub.com
经　　销：新华书店
购书热线：010－63077122
中国新闻书店购书热线：010－63072012

照　　排：新华出版社照排中心
印　　刷：三河市君旺印务有限公司
成品尺寸：145mm×210mm
印　　张：8.25　　　　　　　字　数：150 千字
版　　次：2015 年 10 月第二版　印　次：2023 年 7 月第十一次印刷
书　　号：ISBN 978－7－5166－2061－8
定　　价：36.00 元

图书如有印装问题，请与出版社联系调换：010－63077101

目 录

第一部分 思维训练的问题

第一章 什么是思维//3
第二章 思维训练的必要性//17
第三章 思维训练中的自然资源//33
第四章 学校状况与思维训练//51
第五章 智力训练的手段和目的：心理与逻辑//62

第二部分 逻辑的探讨

第六章 完整思维行为的分析//77
第七章 系统推理：归纳和演绎//88
第八章 判断：对事实的解释//111
第九章 意义：或概念和理解//129
第十章 具象思维和抽象思维//149
第十一章 经验思维和科学思维//159

第三部分 思维的训练

第十二章 活动和思维训练//175
第十三章 语言和思维工具//191
第十四章 观察和思维训练知识//212
第十五章 讲课和思维训练//228
第十六章 一般性的结论//241

附录 杜威小传//255

第一部分
思维训练的问题

第一章　什么是思维

一、这一名词的几种不同的含义

人们的最常用词之一就是"想",即"思想","思维"。它用得十分频繁,有时真难以明确它究竟是什么意思。本章的目的是要探求"思维"一词的一种连贯的含义。让我们先考虑一下最常见的几种用法,也许会有所帮助。首先是一种广泛的甚至可以说是不严谨的用法:凡是脑子里想到的,都可以说是思维。第二种,是指我们对于自己并未直接见到、听到、嗅到、接触到的事物的想法。第三种含义则是更窄一点,指人们根据某种征象或某种证据而得出自己的信念。这一种含义又可以再区分为两种:在某些情况下,人们并没有多想甚至完全没有去想根据何在,就得出自己的信念。在另一些情况下,人们则是用心搜寻

> 由广到窄的四种含义

寻证据，确信证据充足，才形成信念。这一思维过程就叫做思考，思索。只有这种思维才有教育意义，因而也就是本书的主题。

下面，我们再简短地探讨一下"思维"的这四种含义。

偶然的和随便的想法

1. 从最不严谨的含义来说，思维包括我们头脑里有过的任何想法。一个便士让你产生一点想法，但拿它做不了什么大交易。将此时所想称为思维，你不会指望它有多大程度的尊严、逻辑或道理。任何随心的遐想、零碎的回忆或一掠而过的感触，均是如此。做白日梦，建空中楼阁，闲暇无事之际偶尔漂浮过脑际的星星点点遐思，均可视为漫无定规的思维。在我们一生当中，总会有很大一部分时间——超过我们所愿意承认、哪怕只是自我默认的许多时间——是消磨在这样的闲散琐碎的随感或期盼之中。

从这一意义上来说，傻子白痴也有思维。有一个故事就说到新英格兰有一个遐迩闻名的笨人也想竞选市镇公职，他对街坊邻居说，"我听说你们觉得我没有足够的知识来担任公职。告诉你们吧，其实我总是在思考着这件事那件事呢。"然而，思维只是随心所欲、毫不连贯地东想西想，是不够的。有意义的思维应是不断的、一系列的思量，连贯有序，因果分明，前后呼应。思维过程中的各个部分不是零碎的大杂烩，而应是彼此应接，互为印证。思维的每一个阶段都是由此及彼的一步——用逻辑术语说，就是思维的一个"项"。每一项都留下供后一项利用的存储。连贯有序的这一系列想法就像是一趟列车，一个链条。

> 思维不只是一串想法，而应是连贯有序的

2. 即使是从广义的角度看思维，思维也通常是仅限于并非直接感受到——并非见到、嗅到、听到或接触到——的事物。有时我们问一个讲故事的人："这是你看见到的吗？"他可能回答说，"不，这只是我想到的。"故事是编出来的，不同于忠实的观察记录。此时最重要的是一系列想象的事件和情节，它们有一定的连贯性，联结在一条线索之上，既不是万花筒式的杂乱缤纷，也不是导向一个结论的环环紧密相扣。孩子们讲的故事，其情节连贯性高低不等，有的支离破碎，有的节奏分明。这些情节联结到一起时，会激发思索。它们通常是出自逻辑思维能力。这种富有想象力的构思往往会成为严谨思考的前奏，为之铺平道路。然而，它们并不是致力于知识，不是致力于获取关于事实或真理的信念。因此，尽管它

> 思维限于非直接感受到的事物

> 但思维的目的在于获取信念

们极像是思维，却仍然算不上是思维。表达这些想法的人并不想做到所言之事确凿无疑，而只是要构想出精彩的情节或巧妙的高潮。他们产生出好的故事，但通常产生不出知识。这种思维只是感觉的绽放，目的是强化人们的心情或感受，其联结的纽带则是感情的连贯。

思维以两种方式归结出信念

3. 就思维的下一种含义来说，思维所要指称的是立足于某种根据的信念，这种根据并非直接感受到的事物，然而是真实的知识，或是被信以为真的知识。这种思维的特点是接受看来可信的事物或者拒绝看来不可信的事物，确立自己的信念。但信念所赖以确立的根据，又存在两种不同的情况，一种是其根据本身并未经受检验，另一种则是其根据已经受过检验。这一差异在实际生活中是十分重要的。

当我们说"人们曾经以为世界是平的"，或是说"我以为你曾从这房屋旁边走过"，这都是表达一种信念。信念是人们持有的、确认的、默认的、经过了证实或未经过证实的见解。信念的根据可能是充足的，也可能是不充足的。但人们有可能并未考虑根据是否实在，就接受某种见解，使之成为自己的信念。

未曾想过信念是否正确就接受下来,这样的思维是不自觉的,是从某种方面——我们自己也可能不知道是从什么方面——传递而来。它们从某些蒙眬不清的方面,通过我们也许不曾注意到的渠道,不知不觉之间就被我们接受下来,成为我们的思想的一部分。形成这种见解的原因包括传统、教诲或模仿——它们来自某种权威,或是投我所好,遂我心愿。这种见解是先入之见,而不是先弄清它有无实在根据再经过判断而形成的信念。①

4. 形成一个信念,应该经过认真思维,有意识地思考这一信念的性质、条件和意义。这不能是自娱自乐的幻想,例如想象鲸鱼或骆驼腾云驾雾。但相信世界是平的,是认为实在的事物具有实在的特性,不是对莫须有的东西进行随心所欲的想象。相信世界是平的,就会以相应的一定方式考虑其他一些相关的事物,例如天体和对跖点,以及航海问题。持有这一信念的人就会按照他对相关事物的认识,来安排他的行动。

一个信念会给另一些信念及行动带来十分重

---

① 本书下一章中还将专门论述这种缺乏用心调研的思维。

要的后果。因此，人们不得不认真考虑自己的信念有无根据或理由，其合乎逻辑的后果又将是如何。这就意味着思索，使思维进到更深的层次。

人们曾经以为这世界是平的，而哥伦布却认为它是圆的。人们原先持有那种看法，是因为他们没有能力或者没有勇气对他们周围的人都接受和宣扬的信念质疑，更何况他们所感受到的事实似乎也证实了那一信念。哥伦布的看法则是经过理智推论而得出的结论。它标志了更进一步研究事实，重新审视客观证据，推敲各种不同的假说的含义，将这些理论的结果彼此加以对照，并以已知的事实加以核对。哥伦布并没有毫不犹豫地接受当时流行的传统的理论，而是对之提出怀疑，加以探索，因此他才得出了他自己的见解。他对长期以来似乎已确凿无疑的信念抱怀疑态度，敢于设想那似乎不可能的事情，坚持思索，终于找出了证据来证明自己的信念和怀疑是有道理的。这样，即使结论最后被证明有误，那也是与原先的传统信念截然不同的信念，因为它是以一种不同的方法得出的信念。对任何一个信念或假定的知识，均以积极的、执着的和用心的态度考虑它所依据的根据是否成立，若能成立,再考虑它所

思考的定义

导致的进一步的结论,这就构成思考。前面所说的三种思维都有可能引出思考;但思考一旦开始,它就是一种自觉的和自愿的思维活动,是要在可靠理由的基础之上树立起信念。

二、思维的中心因素

然而,上述的几种思维活动彼此之间并没有明确的分界线。它们会在不知不觉之间彼此交错。倘若不是这样,养成正确思考的习惯就会容易得多。迄今为止,我们已谈到的每种思维活动都是相当极端的例子,是为了说得清楚一些。现在让我们反过来,看看一种很基本的介于用心思考和随便想象之间的思维活动。一个人在温暖的一天走着路。他看过天空是晴朗的,一边走着一边想着另外一些事情,但忽然注意到空气变得阴凉了。他想到恐怕要下雨了,抬头一看,已见乌云蔽日,于是他赶紧加快了脚步。这当中,有没有能称之为思维的活动呢?走路不是,抬头见云也不是。但想到下雨的可能,是一个推测。他感到了阴凉,想到了看天,推测到快要下雨了。

再设想一下在同一情况下,这个人抬头看云,

> 几种思维活动都有共同的因素

我们如何思维

这共同因素就是想到并未观察到的事物

觉得它像是一个人的形状,像人的脸。这两种情况下,都是一个人看到了一样东西(天上的云),联想到并未看到的事情(天要下雨,云像人脸),都是由此及彼。这是一个共有的因素。但二者又显然有区别。看到云而想到脸,但并不会相信那真是天上一个人的脸,不会相信那是事实。因此

但思考还包括预示的关系

这只是随便的想象,而不是思考。相反,见乌云而想到要下雨,是从观察到的一个事实推测到可能出现的另一个事实。感觉到阴凉,再抬头见乌云,就想到它们与下雨的关系,得出天要下雨的信念。前者就可以说是后者的依据。

因此,想到一件事物预示或显示出另一件事物,从而考虑一件事物能在多大程度上被视为对另一事物的信念的根据,这一功能就是动脑筋思索或思考的中心功能。在这里与"预示"或"显示"的意思相同的动词还包括指明、指出、表示、表明、象征、暗示、提示等等。当说到由一个原则或原理联想到对另一个原则或原理的信念,还常用 implies(意味着)一词。

根据迹象思考和判断

因此,思考意味着对某种事物建立信念(相信它或是不相信它),不是根据对这一事物的直接观察,而是通过其他的事物,将其作为自己信念

的依据、理由、凭证或证据。以下雨为例，有时我们是直接感受到下雨；有时则是看到地面和草坪湿润而推断出下过雨；有时是注意到气温变凉和乌云密布而推断出将会下雨。又如看人，有时我们是直接看见一个人（或是认为我们直接看见的就是那个人）；但有时我们只能根据一些相关的迹象思索，判断我们看不清的人影是某个人。

因此，本书所谈的思维，就是指这样一种思想活动，即由观察到的事物推断出别的事物，将前者作为对后者的信念的依据或基础。此时信念还不是百分之百有把握。说"我想是这样"，意味着我还不是确知是这样。推断而来的信念也许在后来会得到证实，正确无误，但在此刻它总还是带有一定的推测的成分。

三、思考过程中的要素

上面谈到的是思考这一思想活动的比较外在的和明显的表现。下面再谈谈思考过程中的一些次级过程。它们是：（1）一种困惑、犹豫、怀疑的状态；（2）一番思索或考察，要查明进一步的事实，借以证实或否定所想到的信念。

我们如何思维

捉摸不定之感

（1）在我们上面说到的例子中，一个人在晴天出门，走到半路上突然感到阴凉，一开始他是觉得纳闷，困惑，至少在一瞬间是这样。因为这是出乎他意料之外的，让他感到惊讶和突然，需要弄明白是怎么一回事。气温的突然变化构成了一个问题，不论严重不严重，总是一个问题。这种突然的变化让他原先对天气的信念受到挑战，变得捉摸不定。

查明情况之举

（2）他抬头举目看天，就是为了回答那突然的阴凉所带来的问题。他最初的感觉是困惑，马上想到的是会不会变天了，所以抬头观看天上的阴云。要说这就是调查研究，也许显得有点言过其实，但这是为了查明情况，解决心中的问题。这种研究的结果，可能是证实了自己的推测，也可能是否定了这一推测。抬头观天是为了掌握和感知新的事实，查明是不是真的要变天了。

找路：思考之一例

这里再举一个日常生活中常见的事例，以加深认识。一个人走在他不熟悉的地方，走到一个岔道口，拿不准该走哪条路，停下脚步，犹豫不决。怎么办呢？他可以随便走一条路，碰运气。他也可以思索一番，发现事实借以判明哪一条路正确。采取后一种做法，他就需要仔细观察，用心回忆，判断该走哪条路。他也许登高爬树向远方眺望，或是每条路都走一段试试，通过种种迹象和线索，判明前进方向。若是有路标或地图，就更有把握了。

<small>多种可能而又不相容的抉择</small>

这个例子还可以抽象化、一般化。生活中有相当多的情形都可以称之为"岔道口"情景，即下一步如何前进情况不明，遇到难道，需要作出选择。当我们的活动是一帆风顺直线前进时，或者当我们有闲情逸致可以海阔天空任意遐想时，都没有必要费心思考。然而，当我们在达成一定信念的道路上遇到困难或障碍时，我们就会停一停。在这捉摸不定之际，我们的思想就会像登高爬树一样，争取登上一个更高的立足点，环顾远眺，要看到更多的事实，并判断它们彼此之间的关联。

<small>按照目的调节思维</small>

思想困惑时争取找到解决办法，这就是整个思维过程中的持续不断和起导向作用的因素。没有需要解决的问题或没有需要克服的困难，思维过程就是随心任意，即上文中说到的第一种思维。如果思维的流程是心平气和地顺畅转入一种情景或事物，那就属于第二种类型。但若有一个问题需要得到回答，一种模糊的状态需要得到澄清，

那就是有了一个需要达到的目的,需要让思维流入一定的渠道。任何一个想到的结论均受到这一起调节作用的目的的检验,看它是否适用于面临的问题。理清思想困惑的需要也控制着所采取的探索的类型。一个旅行者若是以发现风景最美的路径为目的,他所要考虑和检验的事项,就会不同于想要发现通往一个城镇的路径的旅行者。问题决定思维的目的,目的控制着思维的过程。

四、总结

<small>思维的缘由和激发</small>

思维的缘由是遇到了某种困惑或怀疑。思维不是什么自发的燃烧,不会发自什么"一般的原则"。总是要有某样具体事物来引发和激起思维。对一个孩子(或是一个成年人),不顾他是否曾经体会过让他烦恼和心绪不宁的困难,就一般性地要求他思维,那就像是建议他靠自身力气把他身体举起来一样,会是徒劳的。

<small>联想与以往的经验</small>

遇到一个困难,下一步就会联想到怎么办——琢磨初步的处置方案,运用某种适合于这一具体情况的理论,考虑这一具体问题的解决办法。没有现成的解决办法,现有的资讯只能启示人们

去想。那么，什么是联想的源泉呢？显然那只能是以往的经验和事先学到的知识。如果这个人多多少少了解类似的情况，如果他以前接触过这类材料，那么或多或少适用的和有助的联想就会较有可能出现。但是，除非他具有此时能想象到的在一定程度上相似的经验，否则，困惑就会依然是困惑。他将想不出任何有用的办法来理清这困惑。即使是一个孩子（或者一个成年人）遇到一个问题，如果他以前从未经历过类似的情况，要他想办法，也会是完全徒劳。

如果联想到的见解马上就接受下来，那就是无批判的、最低限度的思维。若是在脑子里再思索一番，那就意味着探求更多的证据，探求新的资讯，以进一步考虑这一见解，那样就会如我们上文中所说，或者是证实了这一见解，或者是看出了它的不当和谬误。当遇到真正的困难而又有相当的经验可资借鉴时，思考的好与坏就明显表现在这一点上。最省力气的做法，是只想一下就觉得差不多了，不再费心劳神。而认真的思考总是有些费气力的，因为需要克服那种认为差不多就行的惰性，肯付出一定的脑力劳动。总之，思考意味着有了一种见解以后先将它搁置一下，再思索一番；这种搁置很可能是有些辛苦的。我们在本书下文中将会看到，培养良好思维习惯时，最重要的因素就是要养成这样一种态度：肯将自己的见解搁置一下，运用各种方法探寻新的材料，以证实自己最初的见解正确无误，或是将它否定。保持怀疑心态，进行系统的和持续的探索，这就是对思维的最基本要求。

第二章 思维训练的必要性

要细说思维的重要性,那将会是荒唐可笑的。人的传统定义就是"有思维能力的动物"。将思维列为人与鸟兽的根本区别,肯定是有道理的。对我们来说,更合适的问题是:该怎样思维,回答这一问题后,我们就会看到,思维需要得到什么样的训练,才能收到它的功效。

<small>人是有思维能力的动物</small>

一、思维的价值

1. 思维是避免单纯冲动或单纯惯动的唯一方法。没有思维能力的动物只会凭其本能或食欲而行动,是靠外界环境及其机体内在状态刺激而采取动作,因而是被推动。这就是我们说的鸟兽动作的盲目性。这样的行动者看不到或者预见不到

<small>审慎和有目的的行动的可能性</small>

其行动的最终结果以及以一种方式而不是以另一种方式行动将会造成的不同。他"不知其所为为何为"。而在有思维能力的情况下，现有的事物会充当尚未经历之事物的标志或征候。这样，有思维力的人就能够根据尚未出现的和未来的事物采取相应行动。有思维力的人并不是在他并未意识到的本能或习惯势力的驱动下被动采取行动，而是按照（至少是在某种程度上按照）他间接意识到的某种较遥远的目标而采取行动。

自然之事可成语言　　天要下雨时，没有思维力的动物会在自己机体受到某种刺激时钻回洞穴。有思维力的人则会认识到将要下雨时可能出现的征候，会根据这些征候采取行动。耕田播种，锄草施肥，收割庄稼，都是有目的的行动。一个人只有懂得了现时经历感受的因素预示着将来的何种价值并为此而努力，才有可能在现时如此出力。哲学家们已大量论述过"自然之本"、"大自然的语言"。的确，只有发挥思维能力，才能从既有的事物推测到那些看不到的事物，大自然的语言才会被人听懂。对于能思维的人来说，现有事物是记载着它们的过去，例如化石表明地球的以往史实；同时，事物又预示着它们的未来，例如从天体的现时位置可测知它们许久以后的晦冥亏食。莎士比亚谈过"树木之言，溪流之本"，就十分生动地表述出事物的存在会在肯思考者眼里显现出额外的动力。种种预见以及种种明智的策划、谋虑和计算均有赖于事物的征兆功能。

2. 通过思维，人们还想出和安排出各种人为的标志，来提醒大家预见到各种后果，以及获取或避免这些后果的方式。思维这一特征使野人区别于野兽，思维的特征又使文明人区别于野人。野人在江河翻船溺水，会注意到有哪些事物是今后需要当心的危险征候。文明人则是有意识地制作一些标记以防备险情。他会预先设置浮标以警告行船者，会建造灯塔以指引安全航线。阅历丰富的野人会看天气变化的征兆；文明人则是建立了气象服务部门，能预先收集和广泛发布气象预报。野人能按照一些或明或暗的标志在荒野深山认路；文明人则修建公路供人人使用。野人寻找火源，想出一些取火的方法；文明人则发明了各种设备，能随时亮灯和取暖。文明开化的实质就在于我们通过深思熟虑，建起了各种纪念物和备忘录以防遗忘，想出了各种办法以预先测知种种突然意外情况的临近及其轻重缓急程度，从而预

> 有系统预见的可能性

防和至少是减轻那些不利情况带来的灾害，而对于那些有利的情况则是尽量广泛利用其效果。各种人造器械都是经过了精心设计的天然之物的变型，是为了让它们更好地发挥作用，让那些隐蔽的、现缺的和久远的因素能为我所用。

<small>物体素质丰富的可能性</small>

3. 最后，思维还会给自然的事件和物体赋予很不相同的地位和价值，远远不同于那些无思维力者对它们的感受。在那些不懂得它们是语言象征的人看来，这些话不过是扯淡，是光与形的奇怪变异而已。但有思维力的人会看出它们是其他事物的象征，每一事物均有它自己的特性，随其所表达的意义而定。自然物体亦是如此。一把椅子，在没有思维力的动物看来，不过是一件可以闻一闻、咬一咬、爬一爬的东西而已；但在有思维力的人看来，椅子却是有意识地提供一个坐一坐、歇一歇和与人座谈的机会。一块石头，只是一块石头而已，还是以往历史的表现，也取决于看它的是什么人。我们只有出于好心才会说一个没有思维力的动物会对一个物体有什么感受，而在我们看来，一个物体却是由它所拥有的素质所组成，这些素质又是其他事物的标志。

一位英格兰逻辑学家（维恩先生）说过，一

条狗看见一道彩虹,其感受是否多于它对它所在之国的宪法的理解,可能都是一个问题。同样的原则适用于它睡的窝和它吃的肉。它想睡觉时,就进了狗窝;它饿了,闻到肉味就兴奋。除此以外,它看见一个物体还有什么感受呢?它肯定不会感受到一座房屋是人们的"家",即一家人永久居住地的相关种种设施及人与人的关系,除非它能透过它眼见之物想到它所未见之物,也就是说,除非它有思维能力。它吃一块肉时也不会想到它来自什么动物的肢体的什么部位以及它能提供什么营养。一个物体失去了诸如此类素质意义,还算是什么物体,我们真难说清楚,但可以肯定那跟我们所认知的那一物体是很不相同的。此外,我们在感受和思考一件事物时,对于它所包含的和象征的元素的认识,是在随着时代的前进而不断增多,这一可能性实际上是没有限度的。从前需要哥白尼或牛顿那样卓越的智力才能认识到的一些事情,今天已成为孩子们都会马上明白的常识。

  思维力的诸如此类的价值,也许可以归纳入约翰·斯图尔特·穆勒*的下述一段引言之中:

> 动物对事物性质的见解

---

  * 穆勒(John Stuart Mill,1806—1873),英国哲学家、经济学家和逻辑学家。——译注

"进行推理诚可谓生活中的大事。人人都需要每一天、每一小时和每一刻对自己并未直接观察到的事情加以推断,这并非总是为了增加自己的知识,而是因为这些事情本身重要,关系到自己的利益或职业。地方司法官、军队指挥官、领航员、医生或农艺师所承担的任务就是要对所见所闻作出判断,而采取相应措施……他们在这方面做得是好还是不好,决定着他们本职工作的优劣。只有在这方面,他们得不停地动脑筋。"[1]

二、需要引导以实现价值

思想也会走偏

人每天每时都在思索,这不是什么技术性和深奥的事,但也不是什么无足轻重的小事。这一功能必须是与智力相协调,每一次都不能有思维混乱。这是一种推理的过程,是在判断情况的基础上得出结论,间接地得出信念,正因为如此,这可能做对了,也可能做错,所以需要谨慎小心,需要锻炼。它愈是重要,出了错的危害也就愈大。

比穆勒更早的一位学者约翰·洛克(1632—

---

[1] 见穆勒 System of Logic,引言,第五节。

1704）阐述过思维对于生活的重要性和训练思维的必要性，以便通过思维得到尽量好的效果和防止最坏的结果。他说，"任何人做任何事，都是以这一种或那一种观点为依据，以该观点作为行动的理由；不论他运用何种手段，他都是以自己这一有充分根据或并无充分依据的见解作为引导，按照这一正确或错误见解而投入他的全部行动力量……神殿教堂都有它们的神圣偶像，我们都看到有多少人为之顶礼膜拜。实际上，在人们的头脑中，这些观念和偶像都是始终指导他们行动的无形力量，他们都普遍心甘情愿地服从这一指导。因此，极其重要的是要非常用心培养自己的认识，正确运用自己的认识以探求知识和判断实际效果。"① 既然一切有意实施的活动以及我们种种力量的运用都有赖于思维，洛克强调非常用心培养自己的认识"极其重要"，就是恰如其分的。思维的力量能让我们摆脱对于本能、欲望和因循守旧的屈从，但也有可能让我们出错失误。它使我们高于禽兽，但也有可能让我们干出禽兽由于其本能限制而干不出的蠢事。

> 不论是好是歹，都是按照观念行事

---

① 见洛克（John Locke）*Of the Conduct of the Understanding*，第一段。

三、需要经常加以调节的倾向

正确思维在生活中和社会中的益处

在一定程度上,正常生活和社会生活中都会出现一些需要调节推理思维活动的情形。生活中许多时候都必须遵从基本的和持续的规矩,它是任何巧计都代替不了的。被火烫过的孩子怕火,给他讲火能供热的多少大道理,都不如让他理顺自己的思路。在社会生活中,有些事情也要求在合理思维的基础上采取行动,正确的推理才会见效。正确的思维有益于生活,至少可以使生活避免相当多的烦恼。敌情险情、安全保障、饮食调理或重要社会交往的种种征兆迹象,都需要得到正确的辨认。

认识仍有可能走偏

然而思维能力的这种训练虽然在一定限度内能见效,却不能让我们不受限制到处畅行无阻。在一个方向上得出合乎逻辑的见解,并不能保证不会在另一个方向上走得过头而得出错误结论。野蛮人中间的狩猎专家很擅长发现野兽的行踪和位置,但谈起野兽习性的来源和构造时却可能鬼话连篇。对于生活的安全和繁荣,没有直接可见的障碍来阻止人们思索推理,但也没有天然的阻力来防止人们得出错误的信念。有时很少一点事实明亮显眼，人们就将它们作为依据而下了结论；而有时事实有一大堆却引不出适当的结论，只是因为它们有悖于现有习俗而不受欢迎。还有一种倾向是所谓的"原始的轻信"，分辨不清什么是幻想，什么是合情合理的结论。一见云里雾里有引人注目的脸面，就信以为真。天然的智力阻挡不了谬误的传播；虽然阅历不浅但思维不正确，就仍然会积累许多错误的信念。错误与错误可能互为印证而交织成越来越大、越顽固的一套谬论。梦、星相、手掌纹路都用来占卜吉凶，纸牌的跌落被认为一定是预兆，而自然界一些极其重要的事态却遭忽视。各式各样的占卜迷信如今仅见于一些阴暗的角落，但从前却是普遍流行的。人们用了很多很多的科学事实才驳倒了它们。

仅仅就联想的功能而言，看见水银柱变化预测晴雨，以及观看动物内脏和鸟群飞向而预测战争输赢，都是联想，并无差异。撒落了一把盐预示人要遭厄运，与被蚊子咬了预示会染疟疾一样，也都是预测。只有系统区分自己进行观察的条件和严格调节自己进行联想的习惯，才能掌握住自己信念的对错。用科学推理取代迷信，靠的并不

<small>迷信如同科学皆自然形成</small>

是提高自己感官的敏感度或联想功能，而是调节好自己进行观察和推理的条件。

<u>错误思考的常见原因：培根的提法</u>

值得指出的是，先哲们已做过一些努力，探索过人们在树立信念时犯错误的主要原因。例如，在近代科学探索的起始之时，培根*就指出过让人得出错误信念的四点原因，他将这些原因称之为"偶像"（idols），或"幻象"（phantoms）：（1）部族；（2）市场；（3）巢穴；（4）剧院。说得通俗易懂一些，这就是：（1）人类通常惯用的一些错误想法（或诱惑）；（2）人们的来往和交流；（3）犯错误者的个人特性；（4）某一时期的时尚或习俗。我们还可以从不同的方面对错误信念的来源加以分类，即上述原因中有两种是内在的，两种是外在的。内在的两种当中，有一种是人类带共同性的（例如容易承认那些跟自己固有信念相符的事实，而不易承认那些跟自己固有信念相悖的事实），另一种是个人的特性和习惯。外在的两种当中，一种是常见的社会现象（例如倾向于认为有名者皆有实，无名者则无实），另一种则是一时一地的风气。

---

* 培根（Francis Bacon，1561—1626），英国哲学家，实验科学创始人。——译注

洛克也谈过三种信念错误的典型,文字比较通俗,可能更易于让人领悟。他指出有三种不同类型的人通过各自不同的方式而让自己的思维发生错误。下面直接引用原文: 洛克的论述

1."第一种人是自己不爱动脑筋,思想和行动老是学别人,包括学父母、邻居、牧师以及自己心甘情愿奉为师表的其他的人。他们只图省心省力,不肯认真思考和检验。" 依赖别人

2."第二种人是以自己的爱好代替理智,一切取舍都以自己的利害得失和喜怒爱憎为依据,不利于己者一概不予考虑。"① 只求利己

3."第三种人倒是真心实意愿遵循理智,但思路不够开阔,见识也不宽广,因而看问题不够周到全面……他们交游不广,阅览范围片面,听不到各种不同的意见……他们信息来源有限,像流淌的小溪,而又不愿投身于知识的海洋。"一些人本来天分相当,但最终却知识水平相差悬殊,这是因为"他们机遇不一,他们所获取到的信息、头脑中所积累的观念、概念和观察的结果以及能 思路受限

---

① 洛克在另一处指出,"有些人往往让自己受偏见和爱好束缚……考虑问题都是从自己的好恶出发,对己不利的,一概拒之于门外,再明显的道理也听不进去。"

据以思考的这些内容出现了差异，高低不等"。①

洛克在他的另一著作②中，谈到了同样的想法，只是表述形式有所不同。

信条的作用

1."凡是跟我们的信条不相符的事物，都往往被认为是难以置信的，而不予考虑。对自己的信条坚信不疑，奉之为至高无上，因此不但不相信别人的其他见解，而且对自己耳闻目睹的事物，只要是违反信条的，也往往会拒绝承认……最常见的情形就是孩子们接受大人的影响，他们的父母、保姆或他们周围的其他的人将种种见解灌输到儿童既无防备亦无己见的心灵，逐渐加深，最后（不论对错如何）还被习俗和学校教育加以凝固，形成信条而坚韧不拔，难以根除。人们长大了，只是将这些信条奉为神圣，不让它们受到玷污或怀疑，而并不记得它们是怎样潜入他们的记忆。"他们将这些信条视作"裁定是非对错的可靠标准，在遇到各种争论时都求助于这些信条的判断"。

思想闭塞

2."另有一些人则是思想固定在一个模子里，除了自己接受的假说以外，别的一概听不进。"洛

---

① 见洛克 *The Conduct of the Understanding*，第三节。
② 见洛克 *Essay Concerning Human Understanding*，bk Ⅳ，ch. ⅩⅩ，"Of Wrong Assent of Error"。

克接着指出，这些人虽不否认事实和证据，但思想闭塞，固执于一定的信念，对不符合这些信念的证据无法信服。

3．"以自己的爱憎好恶为尺度。这第三种人就是，凡是不合自己胃口和爱好的，不论其概率多高都不予考虑。在一个贪财者的推理过程中，若一边是概率很高的事物，而另一边是钱财，那就不难预见哪一边压倒另一边了。这些世俗气十足的脑袋，就像泥巴墙一样，不论多么强的电池也是无法让它通电的。"

利我

4．"权威。思想容易出错的这第四种人最常见，其数量之多超过前几种人之和。他们盲从权威，不论是朋友或邻居或党和国家首领，只要大家都信，他们也跟风，放弃自己的独立思考。"

盲从权威

培根和洛克都说明了，错误思维的根源不仅有个人性格倾向（例如爱匆忙下结论以及爱作遥远得不着边际的结论），而且还有社会的原因，例如盲从权威，有意识的训导，以及语言、模仿、同情和暗示的潜移默化，使得一些错误的思维习惯得以形成。因此，教育工作者肩负重任，要让人们不但克服个人自己的一些毛病——急躁鲁莽，自以为是，只顾自身利害得失而不顾客观现实

错误思维习惯的先天原因和社会原因

——还要扭转和纠正社会上千百年来积存流传的各种偏见。如今社会已较有理智，较注重理性信念，较少盲目跟随权威风气。教育机构应能比现时更加努力发挥建设性作用，可与其他社会环境有意无意发挥的教育作用协调配合，帮助人们端正自己的思维习惯和信念。现在，教育工作不仅要将人们一些自然的倾向转变成训练有素的思维习惯，而且还要教育人们抵制社会上的不良风气，改变已经形成的错误思维习惯。

四、通过调节使推理成为证明

思维均有一跳　思维重要，因为正如我们所见，通过思维这一功能，可从既知的或已查明的事实看出或推测出别的并未直接确知的事实。但是这种从已知事物推想到未知事物的过程是特别容易出错的。能对它产生影响的因素，包括未见的和未考虑到的原因，有许许多多，如以往的经历，信奉的信条，自我利益的顾及，情感的变动，心理上的怠惰，有偏见的社会环境，没有根据的期待，如此等等，不胜枚举。思维的实际就是推理，即从一事物推想到有关另一事物的概念或信念。这涉及认识上的一次跳跃,从已确知之事物跃进到有根据推定的另一未知事物。除非是白痴,否则人们都会从已感知的事物联想到眼前不见的事物,或根据已知的趋势推想未来的趋势。从已知者到未知者,必然要有一次跳跃,这样就必须注意自己是在什么条件下完成这一跳跃,以减少跳错步子的危险,增大跳对这一步的概率。

此时应注意:(1)调节好完成联想功能的条件;(2)调节好对联想到的事物赋予信任的条件。在这两个方面的控制下完成的推理(其细节的研究构成本书主要内容之一)即形成了证明。证明一事物主要意味着对它加以试验、检验。例外情况常用来证明一条规则,这些例外情况是极其复杂的,能最严峻地检测这规则可用与否。倘若这规则经受住了这一检验,那就没有什么理由再怀疑它。事物在经受住检验之前,我们还无法知道它价值究竟如何。但经受住检验之后,事物即是可信的,因为它已得到证明。它的价值业已展明。推理即是如此。一般说来,推理是一宝贵功能,但这一点并不能保证推理都一定正确。推理是有可能出错的,正如我们所见,有不少因素都会影响到它出错。因此,重要的是做到每一推理都是

> 需要调节,调节充分,即可得证明

经过检验的。但往往做不到这一点，因此我们必须区分，自己哪些信念是有经过了检验的证据，而哪些信念却尚无此种证据，从而谨慎小心予以对待。

教育有责任培养熟练思维力

　　教育的任务在于传授各种可能的信息，而不在于对每一见解均提供证明，但教育有责任让受教育者养成牢固而又有效的习惯，来区分哪些信念是经受过检验的，而哪些还仅仅是人们的猜想、推测和论断；要以真诚、活泼和开朗的态度接受那些确有根据的结论，并在个人工作习惯中掌握适当的方法，对自己遇到的各种问题进行相应的探索和分析。倘若一个人没有这样的态度和习惯，那么不论他见闻多广，他也不是一个真有教养的人。他缺乏基本的思维素质。这种习惯并不是与生俱来的（不论想要有这些习惯的愿望多么强烈）。自然环境和社会环境又不足以迫使人们养成这种习惯，因此教育有重大责任为培养它们创造条件。培养这些习惯，就是思维训练。

第三章　思维训练中的自然资源

我们在上一章中谈到有必要通过训练来转变自然推理能力，以养成批判性审视和探索的习惯。正因为思维对于生活非常重要，而自然的思维倾向容易走偏，社会上又存在一些因素会影响思维习惯，导致根据不足或错误的信念，因此有必要通过教育对思维加以调控。然而，思维的训练又必须立足于思维的自然倾向，也就是说，训练必须从这些自然倾向中找到出发点。倘若一个人训练之前原本不会思维，那么训练也无法教会他思维。要学习的，不是思维，而是如何思维得好。总之，必须是在人们自己本来就有的自然思维能力基础之上进行训练；训练目的不是创造这种能力，而是让这种能力运用得当。

教与学是相互对应或互动的过程,颇类似于

> 有自然思维力才能接受训练

卖和买。但一个卖货的人即使没有人买他的货也可以说他反正是卖了；一个教书的人即使没有学生学到东西也可以说他反正是教了。因此在教学过程中，主动权更多地在于学习者，其程度更超过了买卖中的买货者。学习思维者应学会更经济更有效地使用他已有的思维力，而教人思维者更是需要让教学更适应和更能激发学习者已有的思维力。要使教学对学习者具有这样的吸引力，教师就必须很好地了解学生们现有的习惯和倾向，了解他自己需要与之打交道的自然资源。

<small>因此学习者必须主动</small>

<small>三方面的重要自然资源</small>

这种自然资源必定涵盖许多的复杂细节，因此难以精确列举它的所有项目。但是我们看看思维的基本要素，将有助于我们看出它的主要元素。我们上文中已谈过，思维涉及我们联想到一项有待于接受的结论，进行探索和思索，以检验这一联想的价值，最后再接受自己认为有价值的结论。这意味着（1）要有一定的经历和事实以引起联想；（2）要有迅速、灵活、丰富的联想力；（3）联想要有条理性、连贯性和恰当性。在这三个方面，一个人都有可能遇到障碍：他可能阅历浅或没有足够的事实材料，来作为联想的依据，因而思想狭隘、粗浅或无关宏旨；或者虽然阅历不浅和所

知事实不少，却不善于联想；或者虽然前两个条件能具备，但思路松散凌乱，乃至奇异荒诞。

一、好奇心

在提供那种能引起联想的原始材料方面，最重要和最有活力的因素无疑就是好奇心。古希腊贤哲曾说好奇心是一切科学之母。一个惰性的头脑可以说是坐待那些强加于它的体会。华兹华斯*生动描述过：

> 眼——它老是东瞧瞧西望望；
> 耳——它一刻也不让人安静；
> 我们的身体不论何处都在感受，
> 而不管我们是愿意还是不愿意。

这就如实地表现出人们是如何自然地受到好奇心掌握。正如同充满活力的健康的身体总在寻求营养，好奇的心灵也总在保持警觉进行探索，寻求思考的材料。有好奇心的地方，就有寻求新

_{希望得到充分的体会}

---

* 华兹华斯（William Wordsworth，1770—1850），英国诗人。——译注

的和各种各样的体会的渴望。这种好奇心是我们获取供推理之用的原始材料的唯一可靠保障。

身体接触

（1）好奇心最先表现为一种生命力的外流，一种丰富的有机体能的表露。一个孩子会由于生理上的不安宁而"什么都干"——不断地摸、抓、拿、捅。观察动物的人看到了一位作家所说的"它们片刻不停地干傻事的倾向"。"老鼠跑来跑去，有意义无意义地到处嗅着、扒着和咬着。同样地，狗东扒扒西跳跳，猫这儿闻闻那儿抓抓，水獭像闪电似的窜过来窜过去，大象不停地晃动，猴子到处抓东西。"① 随便注意一下一个婴儿的动静，就会看到他也是不停地试探和摸索。他会吸吮、触摸和碰击各种物品，推推拉拉，抓抓丢丢，总之是在体验这些东西，直到它们不再有新鲜劲儿为止。这样的活动很难说是智力活动，然而倘若没有这些活动，智力活动就会缺乏材料而变得苍白无力和走走停停。

社会接触

（2）在社会刺激因素的影响下，好奇心会发展到一个较高的阶段。当一个孩子不再能够从亲身接触物品而获得有趣感受，可是懂得了他可以

---

① 见 Hobhouse, *Mind in Evolution*，第 195 页。

通过问别人而扩充自己的体会容量时,他就会求别人给他提供他感兴趣的材料,此时一个新纪元就开始了。我们会不断听到童稚的声音在问"这是什么?""那是为什么?"最初,这样的询问还只是他早期那种摸扒推拉的体能向他周围人们的延伸,但他的问题会逐步深入:这房子是立在什么上面?支撑这房子的土地又是立在什么上面?支撑这土地的地球又是立在什么上面?如此等等。但这类问题还不是真正自觉或理智的系统探索。他要求的还不是科学的解释,而只是希望更多地了解这个神秘的世界。他探索的还不是什么法则或原理,而只是更多的事实。不过小孩的东问西问已不单单是为了积累一些互不连贯的信息。他会蒙蒙眬眬之间意识到这种种事实还不是全部的故事,它们背后还会有更多的东西,还会从这些东西看出更多的道理。这样就出现了智力好奇心的萌芽。

(3) 好奇心上升到体能层面和社会层面之上,就到了智力层面,此时是在观察事物和积累材料的基础上发现了问题,而加以思索。当问题问过别人后仍未解决,而孩子仍然将问题留在自己脑子里继续思索,想方设法寻求答案时,好奇心就

智力探索

上升到智力层面,成为推进思维的积极力量。对于头脑开放的人来说,大自然和社会的经历都充满了各种各样的微妙的挑战,有待于进一步思索。使问题萌发的力量需要及时抓住和正确利用,否则它们会逐渐减退以至消失。这一规律尤其适用于对个人捉摸不定、有怀疑的问题的敏感程度。有些人的智力好奇心始终保持强劲,永不消退,但在多数人身上,这一锐气却很容易受挫而变得迟钝。培根说过我们必须成为像小孩一样,才能进入科学的王国,这就提醒我们要保持童年那样的开朗灵活的好奇心,同时也提醒我们注意这一天赋是很容易消失的。有些人是在满不在乎和冷漠之间失去了它;另有一些人是在轻浮草率之中失去了它。还有一些人虽无上述缺点,但思想却陷入教条主义牢笼,同样不再有好奇心。有些人成天忙忙碌碌,无暇关注新的事实和问题。另一些人仅仅在自己选定的职业生涯中对涉及个人利益的事物保持好奇心。许多人的好奇心只限于流言飞语和市井短长,这一现象相当普遍,所以人们往往将好奇心联系到窥探他人隐私。因此,在好奇心方面,教师能做的事是学多于教。他很难重新燃起别人的好奇心,他所能做的主要是努力防止好奇心圣火熄灭，帮助尚未熄灭之火继续燃烧。他要设法保护人们的好奇探索的精神，别让它因兴奋过度而衰竭，别让它因日常事务而麻木，别让它因教条灌输而僵化，也别让它浪费于琐碎事物之中。

二、联想

不论题材重要与否，宽窄与否，人们都会从现在经历的事物产生联想，对尚未见闻的相关事物产生一些想法或信念。联想的功能不是教学过程所能造就的；一定的条件会让这一功能得到改善或相反受到损害，但它是消灭不了的。有些孩子努力尝试过"停止东想西想"，可是依然思绪不断，恰如华兹华斯所言，"我们的身体不论何处都在感受，而不管我们是愿意还是不愿意"。说到底，并不是我们主观上要思维，而是思维发生于我们头脑之中。只有掌握了适当的方法来调控自己的联想功能，并承担起由此产生的后果时，才能真正说"我想是如何如何"。

联想的功能有三个不同的方面，它们因人而异，每一方面均有高有低，其组合亦松紧不一。

> 联想的方面

这三个方面是：联想的快慢；联想的宽窄；联想的深浅。

1. 快慢

1. 联想的快慢，是人们通常区分聪敏不聪敏的依据。有的人脑子反应迟钝，不会主动联想，只会被动吸收。见到听到什么事，反应都是单调乏力，毫无反馈。而另有一些人却反应敏捷，作出各式各样的相应联想。前者发呆，后者则是从一个事想到另一种质量的事。呆滞或愚笨的脑子要受到重击强击才产生回应，聪敏的脑子则回应迅速，由此及彼。

但是教师不应该看到一个学生对学校功课反应迟钝就断定他笨。有的学生在学校被认为是愚蠢透顶，可是他对自己感到值得做的事，例如某种校外体育运动或社会工作，他却反应灵敏，干得很棒。即便是学校功课，若是换一个内容或教学方法，他也有可能学进去。一个男孩也许在几何这门功课上显得不开窍，但在别的方面，例如在需要动手完成的功课上，却心灵手巧。一个女孩也许对历史格格不入，但在评判旁人是非功过时却挺有水平。除了身体有缺陷或有疾病的人以外，对所有事情都反应迟钝和傻里傻气的人还是比较少见的。

2. 联想的范围有宽有窄，但这一差别与上述的反应快慢并无关系。我们都会感受到，有时思潮澎湃，有时却如涓涓细流。有时人们表现不出什么反应，是因为心里联想到许多方方面面，它们互有制约，让人一时不知说什么好，陷于犹犹豫豫；有时则是一种生动敏捷的联想占据主导，滔滔不绝表达出来，而其他的反应则被阻挡在一边。有的人联想太少，表明思想贫乏枯燥；这样的人若是琢磨着什么大学问或大生意，就会表现为书呆子或者葛擂硬①式的人物。这种人的脑瓜子总在转，除了干巴巴的信息以外无话可说，容易让人厌烦。与之形成对比的是我们所说的那种懂得人情世故而又有风趣的人。

2. 宽窄

在内心考虑了几种方案后再说出结论，这从形式上说来是正确的，然而，如果谈出联想到的各种方案，加以比较，再得出结论，那样会更有意义，更有内容。另一方面，联想太多了，五花八门，那也不利于良好的思维习惯。联想太多了，会弄得自己无所适从。联想到太多的正正负负和利弊得失，它们彼此矛盾，会让自己难以得出切

---

① 葛擂硬（Gradgrind），狄更斯小说《艰难时世》中的人物，只重金钱实惠而薄于人情。——译注

实可行的结论，对实际问题或理论问题下不了决心。想得太多会让行动陷于瘫痪。这些太多的想法会让自己理不出一个合乎逻辑的头绪。因此，最佳的思维习惯是联想既不太少又不太多，保持平衡。

3. 深浅

3. 联想的深度。我们区分人们的智力反应，不仅看他们反应的快慢和宽窄，而且还看他们反应的深浅如何，这表现出他们的反应的实质。

有的人思想深刻，有的人则思想浅薄；有的人思索到事物的根源，有的人则只轻轻触及其表层。人的思维的这一个方面也许是最不受后天教育影响的，外界影响最难以使它改变，变好变坏都很难。然而，学生接触题材的条件既可能是督促他深入到题材的一些实质内容，也可能是鼓励他浅尝辄止。教育界流行的一种看法是认为学生只要肯思考就是好的，另一种看法是认为学习的目的只在于积累资讯，这两种看法都会让学生停留于肤浅的知识，而不利于督促他们深入思考。有的学生在日常生活中能敏锐区分什么重要什么不重要，可是到了学校里上课就似乎一切事物都同等重要或者同等不重要；似乎一件事物只是与另一件事物同等真实，而智育的目的似乎不在于区别事物，而是在于文字的联结堆砌。

有时，反应的缓慢是与深度密切相连的。要消化印象并将它们转化为实在的观念，是需要时间的。"聪明伶俐"可能只是昙花一现。有的成年人或孩子反应虽慢却很扎实，所得印象皆深入积储，思维能达到较深入层次，而不是浮光掠影。不少学生由于慢慢动脑筋认真思考问题，而被指责为"反应慢"，"回答问题不敏捷"。在这种情况下，有些人就养成了快答抢答的习惯，虽然快却停于肤浅表面。对问题、对困难的思索要达到相当的深度才能保证思维结果的质量。而在教学当中只鼓励学生迅速背诵课文或展示快速记忆力的做法，等于是鼓励他们快快滑过真正问题的表面浮冰，这是不利于真正的思维训练的做法。

我们不妨回想一下，一些在自己专业中做出卓越贡献的男女在他们的学生时代却曾被人说成是笨孩子。有时，这种早先的错误评价主要是因为孩子感兴趣的领域在当时不被看好而遭人轻视，达尔文对甲虫、蛇和蛙的兴趣即是一例。有时，这是因为孩子习惯于深层次思考，比别的学生乃至老师想得更深，却被认为是缺点，而别人回答敏捷才被认为是聪明。有时，这是因为孩子待人

快慢与深浅

接物的天性不符合教科书和教师的要求，而教科书和教师的要求被认为是对学生做出评价的绝对依据。

<small>任何主题都可"有智力"</small>

总之，教师最好是改变自己的观念，不要认为"思维"是一种一成不变的功能；他应认识到"思维"一词表明事物获得意义的各种不同的方式。还应该除去一种类似的观念，不要再认为某些主题是生来"有智力的"因而拥有一种几乎是神奇的训练思维功能的力量。思维是因人而异的，它不是机器似的可针对所有主题任意开关的一种设备，不是像一盏灯笼似的可随意照到马匹、街道、花园、树木或河流。思维是因人而异的，因为不同的事物是以很不同的方式向不同的人表明它们自己的相应意义，诉说它们自己的独特的故事。正如同身体的成长是通过各种食物的消化一样，智力的成长是通过各种题材的合乎逻辑的编组。思维并不是像制香肠的机器那样，不加区分地将种种材料糅合成一种可销售的商品。思维是将各种具体事物引起的各种具体联想加以排列，联结到一起。因此，任何一个主题，从希腊语到烹饪，从图画到数学，都是有学问，也就是"有智力的"，这不在于它的固定的内部结构，而是在

于它的功能——能引起和指导认真探索和思考的力量。几何学能对一个人起这种作用，而实验室操作、音乐作曲艺术或者经商则能对别的人起同样的作用。

三、条理性：它的本质

仅有事实——不论是宽是窄——以及由这些事实联想到的结论——不论是多是少——即便是结合到一起，也仍然构不成认真的思维。这些联想还必须加以编组，使之彼此相关联，并与它们所依据的事实相关联，从而安排得有条理。当灵巧性、丰富性和深刻性的因素都得到应有的平衡或保持了应有的比例时，我们得到的结果就是思维的连贯性。我们既不希望思想迟钝也不希望思想仓促。我们既不希望杂乱无序也不希望刻板僵硬。连贯有序意味着灵活性和材料的多样性，这些材料都是按照单一和明确的方向排列在一起。这既要反对机械古板的统一，也要反对蚱蜢乱蹦式的运动。人们谈到聪明的孩子时常说，"他们只要定下心来，做什么都行"，对任何事都能做出既快又好的反应。唉，只是他们很少能定下心来。

连贯性

另一方面，做到不分心还是不够的。我们的目标并不是入迷似的死死盯住。集中精力并不意味着固定不动，也不是让手脚捆住或联想的流动陷于瘫痪。它是意味着让思想的多样性和变化汇成一条源源不断的潮流，流向一个统一的结论。集中思想，靠的不是安静不动，而是保持精力朝向一个目标，就像是一位将领集中他的兵力来实施一场攻防战一样。保持思想集中就像是保持船的航向一样，总要变换位置，但始终朝着自己既定的方向。连贯有序的思维也正是让题材如此变动。连贯要防止思绪矛盾，集中则要防止分心，不能昏昏沉沉或迷迷糊糊。可能会出现各种不同的和不相容的联想，但只要将每一联想均与主题相对应，就可以保证思维连贯和有条理。

实际的需要促成一定条理性

　　对多数人来说，要养成有条理思维的习惯，其首要来源主要是间接的，而不是直接的。智力的组织并不是来自对思维力的直接诉求，它的发生和一定时间内的发展，是与为完成一定目的所需的行动的组织相伴而来。为完成思维之外的事物而思维的需要，比为思维而思维更有力。所有开始从事自己职业生涯的人都是通过行动的有条理而达到思维有条理，多数人大概终生都是如此。

成年人通常都从事某种职业和事业，这样，他们就有了一条连续轴线，让自己的知识、信念以及得出结论和检验结论的习惯都围着这一轴线转而组织得有条理。他们为有效履行自己业务而进行的种种观察，都得到延伸和整理。与此相关的信息不只是积累起来，而且还分门别类记在心中，供需要时利用。多数人的推理并非来自纯推测动机，而是来自他们在各自职业中有效实施业务的过程。因此，他们的推理经常受到业绩的检验。无效的和零散的方法通常都放弃了，条理井然的安排则受到了重视。他们的思维经常受到种种事件和问题的考验，对于实际上所有的非科技专业人员来说，这种行动之中是否有效的经历就是他们的思维条理性的主要来源。

　　在青少年的正确思维习惯的训练中，通过实际行动检验推理的方法也不应被忽视。然而，在有组织的活动方面，青少年和成年人是有很大差别的，在青少年的教育中运用这种方法时，一定要认真考虑到这些差别：(1)成年人通过实际活动取得外在的成就，是迫切的需要，因而思维力所受到的锻炼比较有效，孩子则只是将这种活动当作又一次学习；(2)成年人的活动结果是比较专业化的，这也不同于孩子的活动。

孩子遇到的特殊困难

1. 适当行动方式的选择和安排，对于青少年来说，要比成年人困难得多。成年人行动方式多多少少是由环境决定的。成年人已是公民，一般是户主，为人父母，有一定的职业和专业，其社会地位决定了其主要行动特点，这似乎也在一定程度上自然而然地迫使他养成相应的思维模式。孩子则不同，其社会地位和职业未定，几乎没有任何客观因素来迫使他遵从什么持续性的行动方式，他自己还往往三心二意，他周围的人和环境也往往对他产生各不相同的短暂的影响。缺乏持续的行为动机，本身又不成熟，想法易变，这就增大了思维训练的重要性，而想要给孩子找到确实有效的思维锻炼模式，也更加难了。行动方式的选择往往带有随意性，受学校传统、教育思潮和变化不定的社会风气的影响，因此，人们有时认为在这方面下工夫收效不大，费力不讨好，于是就完全撇开了实际行动的教育，只讲纯理论和书本知识。

孩子的特殊机会

2. 然而，这一困难恰好表明了一个事实，那就是为孩子选择真正有教育意义的活动的机会，要比成年人的这样机会大得多。大多数成年人承受到的外在压力很大，因此其职业和业务对其智力和性格即使真有教育价值，这收效也只是附带的，往往还几乎是意外的。孩子所面临的问题，同时也是机会，则在于选择有条理和持续的活动模式，这既为他们成年后必然从事的活动做准备，又能立刻在思维训练方面见效，有助于他们形成良好的思维习惯。

教育界的实践表明，对于思维力的训练，人们往往是在两个极端之间摇摆。一个极端是几乎完全忽视这种训练活动，理由是认为这种活动杂乱无章，只是迎合青少年三心二意的兴趣，纯粹是让学生分心。即使避免了这些毛病，这种活动也是多多少少带有商业性质的模仿成年人专业的活动，是应当予以反对的。学校若是允许这些活动进校，那只是迫不得已的让步，是让学生在繁忙的学业中得以忙里偷闲一阵子，或是学校受到外界的功利主义压力不得已而为之。另一个极端则是认为任何这类活动只要不是强迫学生死记硬背书本知识，就都是好的，都能收到几乎是神奇的好效果。持这一立场的人鼓吹通过游戏、自我表现和自然成长而长智力的观点，似乎任何一种自发的活动都必定能让思维力得到训练。他们还

两个极端

搬出一套神秘的脑生理学，用以证明任何一种脑肌肉锻炼都能训练思维能力。

当我们在这两个极端之间摇摆时，一个最严重的问题却往往被忽视，这问题就是如何发现和安排这样一种活动，它必须是：（1）最适合于未成年人的智力发展；（2）最有利于他们为成年后承担社会责任做准备；（3）同时能最大限度促进他们养成敏锐观察和连贯推理的习惯。好奇心关系到思维材料的获取，联想则关系到思维的灵活性和力量；活动本身虽不是智力型的，但活动的顺序则关系到连贯性智力的形成。

第四章 学校状况与思维训练

一、导言：方法与环境

所谓的功能心理学是与教育界流行的正规科目概念同时出现的。倘若思维是与观察、记忆、想象以及关于人和事物的常识判断均不相涉的一种独特的心理机器，那么就该用一种专门为此目的而设计的特种运动器械来训练思维，就如同用特种运动器械来练臂部肌肉一样。于是，某种科目被认为是有智力或逻辑能力的杰出科目，拥有先天的锻炼思维功能的本领，就像是某些练臂力的机械格外优秀一样。按照这一理论，思维训练的方法包括启动思维机械并使之对各种题材保持运转的一套操作规程。

我们在本书上文中已努力说明，并不存在单一、统一的思维力，人们是各自通过许多的不同

> 正规科目

> 思维力

的方式思维各种事物——包括观察、记忆、听闻、阅读——从而引起联想或形成观念，现时有用，以后还会有效。训练就是培养这样的好奇心、联想力以及探索和检验的习惯，扩大其范围和效率。科目都是有智力的，只是发展的快慢高低有所不同。因此，训练的方法，就是给每个人提供适应其需要和能力的条件，争取持续改善其观察、联想和调研能力。

方法的意义　　因此，教师要解决两个方面的问题。一方面，他需要研究各个人的特点和习惯；另一方面，他需要研究各个人习惯性自我表达的能力变好或变坏的条件。他应当认识到方法不仅包括他有意识地设计和运用于智力训练的方法，而且还包括他并非有意运用的因素，即学校的氛围和校务之中能对学生的好奇心、反应力及有条理活动产生影响的因素。一位教师既研究了个人心理活动又研究过学校状况对这些心理活动的影响，那么就可以基本上信赖他本人会找到较狭义的适用的教学方法，以期待在阅读、地理、代数等特定科目的教学中达到预想的收效。假如教师不了解学生个人的思维能力以及学校环境对这些思维能力的影响，那么他的教学法即使再好也只能收到眼前的效果，而无助于学生深层次的思维习惯。学校环境的影响可分为三大类：（1）学生接触到的那些人的态度和习惯；（2）学校所授的科目；（3）现时的教育目的和理想。

二、旁人习惯的影响

人都有模仿性，只要指出这一点就不难看出学生在学习过程中会在心理上受到旁人习惯的深刻影响。榜样比言辞更有力。一位教师若是未意识到自己个性的影响，或是认为这些事无足轻重，那么他的某些言行习性就可能让他在教学法方面下的工夫白费掉。另一方面，教师表率作用给学生带来的启发都可以弥补教学法在技术上的某些不足。

然而，将家长或教师这些为人师表者对孩子的影响仅仅归结为模仿，这还是很肤浅的。模仿还仅仅是一条更深的原理的一个方面，这原理就是刺激——反应。教师所做的每一件事以及他做事的方式都会激起学生这样或那样的反应，学生的每一个反应都会给学生的态度发生这样或那样的作用。甚至连孩子不注意听大人的话，也往往

> 对环境的反应是基本的因素

是大人无意间的影响引起的一种反应。① 教师很少是（甚至完全不是）学生头脑通往科目的透明媒介。对于青少年来说，教师的个人特点是与科目密切融合在一起的，这些孩子不会将这二者分隔开，甚至不会将二者加以区分。孩子对自己遇到的任何事物的反应都是接近或是避开，他总是在自己自觉或不自觉的情况下，在自己心中对他喜欢或不喜欢、同情或反感的事物加以评论，不仅对教师的言行是如此，对教师所讲授的科目亦是如此。

教师本人习惯的影响　　人们差不多普遍承认学生的品德和言行、性格和习惯以及社会风度都受到这种有力的影响。但人们却倾向于将思维视为一孤立功能，这就往往让教师看不到学生的智力也受到这方面的实实在在的影响。对于教学的内容，教师在紧扣其要点、运用严格反应方法和展现学识好奇心这几个方面，均程度高低不一，学生亦相似。教师在这些方面的特点都必然反映于教学法之中。教师若在不介意之间形成言语不严谨、推理不精细、反

---

① 一个四五岁的孩子听到他妈妈几次叫他回来，都毫不在意。他的同伴问他："你听见你妈妈叫你了吗？"他满不在乎地说："听见了啊，可是她还没有发狂喊叫哩。"

应缺乏想象力等习惯,都会影响到师生交往的全过程。在这一复杂而又微妙的领域,特别要注意的是以下三点:

(1) 多数人并不是很清楚自己的思维习惯有哪些独特之处。他们认为自己的思维方式是理所当然的,并且于无意识之间以它们作为标准来判断旁人的思维过程。由此而来的一个倾向,就是学生的想法与此态度相符者即予以鼓励,而与之相悖者则遭到忽视或不理解。现今普遍存在的一个现象,就是过高估计理论性科目对于思维训练的价值而对实践性科目的这一价值估计不足,其部分的原因无疑就在于,教师这一行业挑选人才,往往偏重于理论素质,而实际办事能力却受忽视。在这一基础上挑选出来的教师,自然是按照同样的标准评估学生和科目,鼓励那些生性相近者发展单方面的理论智力,而不重视实干的本能。

按自己特点判断旁人

(2) 教师——尤其是能力较强的教师——往往靠自己的强项吸引学生学习,用个人的影响力取代课程内容的吸引力。他们从自己的经验中体会到,当课程几乎吸引不了学生的注意力时,教师个人的吸引力往往能起作用。这样,他就越来越多地利用后者,以至于学生与教师的关系几乎

教师个人影响力被夸大

我们如何思维

取代了学生与相关科目的关系。在这种情况下，教师的个人影响力会导致学生的依赖和软弱，使学生对科目本身的价值不够重视。

<small>应独立思考，而不应跟着别人转</small>

（3）教师本人的思维习惯须严加注意，防止起负面作用，否则，就有可能导致学生只研究教师的特点而放松对科目的研究。学生会留心让自己适应教师对他的期待，而不是首先研究自己的功课。学生在考虑"这对不对？"的问题时，想的是"这一答案能让教师满意吗？"而不是自己是否从根本上解决了问题。当然，学生研究教师和同学的个人特点也不是没有价值，但不应该让自己的智力思维随旁人的意志转移。

三、学业性质的影响

<small>学业的类型</small>

学业一般可分为以下三类：（1）以掌握技能为重点的科目，如阅读、作文、图画、音乐；（2）以掌握知识为重点的科目，如地理和历史；（3）以训练抽象思维为主要特点的科目，如数学和规范语法。① 每一类科目中，都有容易出现的偏向。

---

① 当然，任何一门科目都具备所有这三个方面，例如在算术中，计算、数字读写和速算均为练技能，度量衡为知识，如此等等。

第四章 学校状况与思维训练

1. 在侧重抽象思维和逻辑思维的科目中，存在一种危险，就是使智力活动孤立于日常生活之外。教师和学生容易将逻辑思维与日常生活的具体需要割裂开来。抽象往往变成玄而又玄，与实际生活毫不沾边。最典型的是一些专业学者，其著述和言谈都抽象得出奇，在自己的专业以老大自居，却没有解决实际问题的能力，他们主持的研究和教学都完全脱离生活。

> 抽象变成孤立

2. 在主要侧重技能的科目中，存在的危险倾向则正好相反，即人们企图尽可能走捷径以达到所要求的目的。这就会让这些科目变成机械性的，而不利于智力的培育。在阅读、写作、绘图、实验技巧等方面，需要节省时间和节约材料，需要做到准确匀整，需要做到快速敏捷和合乎标准，这些要求都很重要，其本身都可能成为追求的目标，而不顾如此做法对人的心理态度影响如何。纯粹的模拟仿造，步步指点，机械练习，都可以很快出结果，而对学生的思维力却会造成完全负面的影响。学生被指点着做这做那，却不知道其中的道理何在，只知道这样做可以迅速出结果。他每走错一步都有人马上给他纠正，他只是反复做反复练，直到不假思索就自动完成这些动作。

> 一味重复机械训练

到后来教师才奇怪这学生为什么阅读时毫无表情，谈问题时说不出所以然。在某些教育信条和实践中，思维训练就跟肢体训练混为一谈，只是练而不触及思想，甚至是从消极一面触及思想，机械地完成动作，对人的训练变得像是对动物的训练。然而，掌握技能时也应该动用智力，才能把这些技能运用得妙笔生花，而不只是机械重复。

信息与智慧

3. 在侧重知识、注重信息量和信息准确度的科目中，也存在着差不多同样的问题。信息与智慧二者之间的区分是古已有之，但又需要经常不断地加以更新。信息是已获得和贮存起来的知识，智慧则是运用知识以便有力量改善生活。掌握已有的信息并不需要特别的智力训练，而智慧恰是智力训练的最佳果实。在学校里，积累信息的教学通常都避开智慧或良好判断力的理想。在这类教学中，尤其是在地理这样的学科的教学中，人们追求的目标往往好像是要把学生变成所谓的"无用信息大全"。"贪多求全"成第一要务，而思想的滋润则退居其次。当然，思维不会进行于真空之中，只有在掌握信息的基础上才能进行推理。

然而，到底是为掌握信息而掌握信息，还是将掌握信息视为思维训练的一个组成部分，这二者是有根本区别的。有人说，不必将信息用于认知和解决问题，只需要将信息积累起来，就可以在今后将它们任意用于思维，这样的说法是完全错误的。只有开动智力而获取的技能才是可供智力随时利用的技能。除了偶然情况以外，只有在思维过程中获取的信息才能用于合乎逻辑的用途。没有读过什么书的人是在实际生活中为解决各种具体问题而获取了知识，这样的知识点点滴滴都可得到有效的应用；相反，有些学问渊博的人却往往是淹没于他们的浩瀚典籍之中，因为他们获取知识的手段是死记硬背，而不是思考。

四、现时目标和理想的影响

当然，这种让人有些难以理解的状况是与上文中谈过的教育界现状分不开的，因为教育界现时流行的理想就是要让学生掌握机械式自动完成的技能和大量堆积的信息。然而，我们可以区分某些做法，例如有一种是按照外在的结果来评价教育水平，有一种则是按照学生个人的态度和习惯的演变来评价教育水平。现时流行的倾向是将外在成果奉为理想，而不是注重获取这一成果的心理过程，这在教学和品德教育中均有所表现。

外在成果与心理过程

1. 在教学中，以外在成果为标准的做法表现在人们只重视"答案正确"。人们认为教师最主要的事情就是让学生学会背诵课文，这种观念主宰着教师的思想，使得教师无法集中注意力去培训学生的思维能力。既然灌输课文被自觉或不自觉地奉为压倒一切的任务，思维训练就成了附带和次要的事了。为什么这一观念如此流行，是不难理解的。每个班的学生都那么多，学生家长和学校当局又要求迅速拿出明显可见的进步，这些因素都促使教学以外在成果为主。这一目标对教师的要求只是了解科目内容，而不是了解学生。而科目内容也明确局限于排好的课文，不难掌握。而教育若是以提高学生的思维能力和智力态度为目的，那就要求教师更加认真备课，需要以同情和明智的态度了解每个学生的思想状况，同时又十分广泛而灵活地掌握科目内容，从而能在需要的时候选择和运用恰恰适合需要的内容。最后还有一点：由于人们以外在成果为目标，学校的管理机制自然也就受到影响，只注意考试、分数、评比和奖惩等等。

依赖旁人

2. 在学生的操行方面，外在成果的理想也有重大影响。要求学生遵守校训校规是最容易的，因为它们大多是机械刻板的标准。教条式的教学，或要求严格遵守法规、校规和上司的训令，已深深影响到学生的品德教育。但是，品行问题是生活中最深刻又最常见的问题，如何应对品行问题的方式会影响到所有其他的心理态度，甚至影响到远远超出直接或自觉的品德考虑范围之外的态度。的确，每个人最深层面的心理态度是决定于应对品行问题的方式。在处置这些问题时，倘若思维功能、探索和反思的功能被缩减到最低限度，那就难以期待思维习惯对较次要问题起巨大作用。然而，在应对重要品行问题时养成积极探索和深思的习惯，就最能保证总的心理结构合情合理。

第五章
智力训练的手段和目的：心理与逻辑

一、引言：逻辑的意义

本章的主题　　在前面几章，我们已谈过：（1）什么是思维；（2）专门的思维训练的重要性；（3）思维训练中起作用的自然趋势；（4）思维训练在学校中遇到的若干障碍。现在我们谈谈逻辑与智力训练的关系。

逻辑一词的三重意义　　从最广泛的意义上来说，逻辑包括一切经过思维而得出了结论的过程，不论结论对错如何，均是如此。这就是说逻辑一词涵盖了合乎逻辑和非符合逻辑这两个方面。从最狭窄的意义上来说，逻辑一词仅指合乎逻辑的，其推理的前提必须是意义明确的，是不证自明或业经证明是正确的。在这里，逻辑的关键在于论证的严密性。从这一意义上说，只有数学和形式逻辑（也许可视为数

第五章 智力训练的手段和目的：心理与逻辑

学的一个分支）才是严格合乎逻辑的。然而，逻辑一词还有第三层意义，它更关紧要和更切合实际，这就是：要从正负两方面系统地用心，确保思维能产生出一定条件下最佳的结果。如果我们对 artificial 一词只取它的"经过自愿训练而掌握了专业技能"这一含义，而撇开它的"虚假"、"人为"的贬义，那么我们可以说逻辑是指 artificial 思维。

切实有用的意义

从这一意义上说，合乎逻辑的思维是指思虑周全、透彻和仔细的思考，即最佳意义上的思维（见本书第一章第一节）。这样的思维就是从各个不同的方面和角度审视事物，不漏过任何重要之处——就像是看一块石头，还要把它翻过来看看它朝下的那一面以及它覆盖之下的东西。认真思索就是细心端详一个事物，细看细想，下一番工夫。一说到思考，我们就会想到"斟酌"、"权衡"、"仔细掂量"，就是要考虑到方方面面；加以精心对比而求得平衡。与此密切相关的名词还有"审视"、"考察"、"琢磨"、"检验"等等，都是说要密切注意和仔细思索，形成综合全面。还会联想到数学上的精确计算和准确对比。注意，细致，准确，精细，动脑筋，有条理，井然有序，这些

细心，周全，准确，才能合逻辑

63

都是逻辑的特点，既不同于粗枝大叶和随心所欲，也不同于墨守成规和迂腐学究。

智力教育旨在养成逻辑习性

毋庸讳言，教育工作者关心的是这种切合实际的重要意义上的逻辑。也许需要说明的是智育（不同于德育）的全部和唯一目的正是在于这一意义上的逻辑，也就是要养成细心、警觉和透彻的思维习惯。认识这一原则，其主要困难在于一种错误的观念，即以为个人的心理倾向与逻辑思维二者毫无共同之处，将逻辑训练视为某种由外部施加给个人的东西，因而认为将教育的目的与逻辑思维能力的培养联系在一起是荒谬的。

将天性与逻辑相对立

相当奇怪的是，有彼此对立的两派教育理论都认为个人的心理与逻辑的方法和成果这二者之间不存在任何固有的联系。一派认为个人的天然本性和功能是首要的和根本的，而天性的趋势是不大理会纯智力的培育的。这一派的箴言是自由，自我表现，发扬个性和自发性，提倡游戏和兴趣，自然成长，如此等等。他们很不重视有组织的课程和学习材料，认为教育的方法就在于以各种办法刺激和促进个人发扬其天性潜力，按个人自然的成长循序渐进。

另一派则是高度重视逻辑的价值，但认为个

人的天性是嫌恶逻辑,至少是不在乎逻辑的。因此这一派强调要依靠课程业已明确和分类的材料,采用各种方法,将逻辑性灌输到人们天性不喜爱逻辑的头脑之中。这一派的箴言则是强调纪律、教诲、约束、自觉自愿努力以及强调完成任务的必要性,如此等等。按照这一派的观点,在教育中体现逻辑因素的不是态度和习惯,而是学业。只有学习遵守外在的科目内容的要求,思想才会有逻辑。为了做到这一点,学业内容应首先通过教科书或由教师加以分析而成为逻辑元素;然后对每一元素加以界定;最后将所有这些元素按照逻辑公式或一般原则排成序列或组别。这时,学生逐一学习每一元素的定义,逐步叠加而构成逻辑体系,从而做到逐渐从外部给自己注入逻辑素质。

<blockquote>忽视内在的逻辑资源</blockquote>

<blockquote>将逻辑因素仅限于课程内容</blockquote>

现在以地理课为例说明这一派的见解。首先是给地理下定义,使之区别于其他每一门学科。然后列出地理学的发展所依据的一些抽象名词,例如地极,赤道,黄道,气候带,逐一列出,予以界定,由简入繁;然后一些较具体的元素也排成类似序列,这包括:洲,岛,岸,岬,角,地峡,半岛,洋,湖,海湾,等等。据认为,学生掌握了这些材料,不仅获得了重要的信息,而且

<blockquote>以地理为例</blockquote>

让自己的思想顺应于这些现成的逻辑定义、概括和分类，从而逐渐掌握逻辑习惯。

图画一例　　这种方法已应用于学校讲授的所有科目，如阅读，写作，音乐，物理，语法，数学。以图画为例。这一派理论认为，所有图形均由直线和曲线组成，最简单的程序就是让学生首先学会画各种直线（平行线，垂直线，各种角度的对角线），再学会画各种典型的曲线，最后将直线和曲线按照不同的排列而组合成实际的图像。这似乎提供了理想的"逻辑"方法，首先分析成各种元素，然后按常规序列转向日益复杂的综合，此时每一元素得到使用时均经过界定，因而是得到了清晰的理解。

形式方法　　即便是没有遵循这种极端的做法，学校，尤其是中学，还有小学的高年级，也几乎都是过分注重一些形式，据说学生只有运用这些形式才能达到合乎逻辑的结果。据说每一科目都有按一定顺序排列的一定步骤，能卓有成效地引导学生理解每一科目，因而要求学生"分析"自己应按照什么程序进入这些步骤，即学习一套陈述公式。这一方法最明显地应用于语法和算术，它也渗进了历史乃至文学的教学，它们也在智力训练的借

口下被归结为层层"纲要"、"图表"以及分类、再分类。孩子被要求死记硬背这一套干巴巴的模仿成年人的逻辑,就使得孩子本来的充满活力的微妙的逻辑思维变得迟钝了。这种错误的逻辑教学法让"教学法"这一专名背上了坏名声,许多人感到"教学法"就是用一套机械死板的条条框框来取代个人的思维活动。

这类自称为"逻辑"的做法造成的不良后果必然会引起学生们的反应。学习兴趣下降,漫不经心,拖拖拉拉,对知识应用明显反感,勉强死记硬背一点东西,有时自己也不知所云,凡此种种都说明那一套逻辑定义、分类、分级和系统的理论实际上并不是像它理论上所说的那样起作用。随之而来的倾向就如同人们所预料的反应一样走到相反的极端。"逻辑"被认为完全是人为的和额外的,教师和学生都对它不屑一顾,转而致力于表现各人现有的禀性和爱好。强调以个人自然的性格倾向和能力作为唯一可能的发展起点,是确实有益的。但上述的反应却是不对的,因而是误导的,因为它忽视和否认了重要的一点,即人们现有的能力和兴趣之中都存在着智能因素。

人们通常所说的逻辑(就是从教学课程角度

我们如何思维

> 逻辑课所讲的是经过训练的成年人思维逻辑

所说的逻辑），实际上指的是成年人的受过训练的思维逻辑。能够分解一个主题，界定它的各个元素，再按照一般原则将它们加以分类，这是经过了透彻思维训练之后所要掌握的逻辑能力。已习惯于如此分类、定义、综合、概述之后，就不需要再经受逻辑方法训练了。然而，如果以为人们不经过逻辑训练就没有逻辑思维的能力，那是荒谬的。教学课程上所说的逻辑是指思维训练所要最后达到的目标，而不是出发点。

> 未成年人的思维也有自己的逻辑

实际上，一个人的每一个发展阶段都有它自己的逻辑。有人以为自发的思维倾向无逻辑可言，是错误的，没有看到即便是在一个小学生的生活中，好奇、推理、实验和检测就已经起着重大作用。这种错误的看法低估了智力因素在个人自发思维和活动中所起的作用，而这一智力因素就已很有教育意义。一位教师只要用心观察正常儿童的自然起作用的思维模式，就不难看出逻辑并非仅限于逻辑课程中的那一套内容，不难看出思维教育的真正问题是在于将自然的思维能力转化为经受过检验的专业性的思维能力，将多多少少偶然出现的好奇心和零散的联想转化为时刻保持警觉的、小心谨慎和贯彻始终的探索。他会看到心理和逻辑这二者并非彼此对立（并非彼此独立），而是正常成长的持续过程之中的前后两个阶段。自然的或者说心理上的思维活动，即使没有自觉地受到逻辑考虑的调控，也仍然具有自己的智力功能和健全性；而在达到了自觉的、有意识的思维技巧以后，这种思维技巧就成为习惯性的或者说第二天性的。前者已经具有逻辑精神，而后者依然存在着固有的习性和态度，仍然属于个人的心理活动，在这一点上跟个人一时的冲动或随想并无区别。

二、纪律与自由

因此，思想的纪律实际上是结果，而不是原因。任何一个人达到了独立的理智和控制力以后，其思想都会是自律的。原始的一种天赋通过逐渐的锻炼就成为有效的律己力量。一个人思想有律己力以后，就可以在没有外在指教的情况下自己掌握合适的行事方式。教育的目的就是让人培养这种有律己力的精神。纪律是正面的和建设性的。

然而，人们往往将纪律视为负面的，是令人痛苦难以接受的，对人的思想起强制作用，迫使

<small>对纪律的正确和错误看法</small>

将纪律视为磨炼

它脱离自己的爱好而接受约束，这一过程一开头是痛苦的，但却是为了迎接未来而必要的一种准备。纪律通常被等同于磨炼，就像是通过无情的不断锤锤打打，把一块有杂质的铁锻造成一块好钢，或是像军训将新兵训练成一举一动都合乎要求的好兵。这后一种训练，不论是否称作纪律，都不是智力纪律。它的目的和结果并不在于思维习惯，而是在于整齐划一的外在行动模式。许多教师没有弄明白思想的纪律是什么，以为自己是在培养学生的智力和思维效率，可是他们采用的方法却是限制和压抑学生的思维活动，造成机械死板的格局或者心理上的被动和屈从。

将纪律视为独立力量或自由

自由与外在的自发性

当我们从智力角度认识纪律时（将纪律视为有效智力活动的习惯性力量），纪律实际上就等同于自由。智力上的自由不只是不受阻碍的外在行动，而且是独立思考的力量，不盲从别人的引导。思维的自发性或自然性往往是指比较偶然出现的一时的念头，因此教育工作者往往采取种种办法促使学生的思维自发性得以保持下去。这包括提供各种各样的有趣的材料、设备、工具和活动模式，促使学生的个性表现不致萎缩。这种做法忽视了达到真正自由所必须具备的若干条件。

第五章 智力训练的手段和目的：心理与逻辑

1. 一种冲动倾向的直接即时释放或表现是思维所必不可少的。当这一冲动在某种程度上受到抑制或反弹时，才会出现思索。若是以为必须从外部布置任意性的任务，才能提供思维所必需的困惑和困难因素，那就实在是一种愚蠢的错误。凡是有一定深度和广度的有活力的活动，在其努力自我实现的过程之中，都必然会遇到障碍——因此再寻找人为的或外部的问题就完全是多余的。在一种经历的发展过程内部呈现出来的困难，则应受到教育工作者珍视，不应加以缩小，因为这些困难正是引起深思探索的天然刺激因素。自由并不是让外在的活动保持畅通无阻，而是在于通过个人内在的思索，找到一条出路，来摆脱那阻碍自发思绪畅流的困难。

> 思维所需要的障碍

2. 只强调心理和自然因素，但却看不到自然倾向在好奇、推理及检测愿望的每一成长阶段都起着多么重要的作用，这样的方法是不可能保障自然的发展的。在自然成长过程中，每一个阶段都是不自觉地但却透彻地为下一个阶段的表现准备条件——如同植物生长的周期一样。如果以为"思维"是一种独特的、孤立的自然倾向，只是因为各种感官和肌肉活动先前有过自由表现，或者

> 智力因素是自然的

说只是因为观察、记忆、想象和体力活动先前已在没有思维的情况下动作过了,"思维"就必定会到一定时候活跃起来,那么这种看法是没有根据的。思维是始终不断的,人是通过思维来运用感官和肌肉,指引和利用观察及运动,从而为下一步更高类型的思维做好准备。

<small>思维是与人的任何智力活动同时开始出现</small>

现在流行一种看法,说童年是几乎完全没有思虑的,在童年阶段只有感官和肌肉的动作以及记忆力的成长,而到了青春期才突然出现思维和理智。

然而,青春期决不是魔术的同义词。当然,青春期会带来童年见识的扩大,会对更多的事情和问题产生敏感,会对自然和社会生活占据更宽更广的视点。这一发展会让人有机会产生比原先童年时期更全面和抽象的思维。可是思维本身仍然是如同原先一样,是追随生活中的所见所闻和各种感受,并检测由此联想到的结论。思维在婴儿时即已开始,婴儿玩的球丢了,就会想到尚不存在的事情,就是再把球捡回来,会预见到怎样实现这一可能的步骤,以自己的想法指引自己的动作,通过实验检验自己的想法是否正确。童年时期就有思维的积极活动,充分发扬这一思维要素，到了青春期才会有出色的思考能力，并随着年岁增长而进一步发扬这一能力。

3. 无论如何，思维习惯都会慢慢形成。这习惯可能是遇事都动脑筋好好思索，也可能是漫不经心，草率匆忙，浮光掠影；可能是思绪不断，寻根究底，也可能是蜻蜓点水，马虎了事；可能是不轻易下结论，要证据确凿才下判断，也可能是遇事将信将疑，容易上当受骗。要做到细心谨慎、缜密周全和连接贯通，也就是符合逻辑思维的要求，就要一开始就培养这样的习惯，认真而不马虎。

<small>提防不良的思维习惯</small>

总之，真正的自由在于智力，在于训练有素的思维力，能遇事周密思考，下决心之前要仔细想想所需要的根据是否齐全，若不齐全，应如何再搜寻。若不是深思熟虑才采取行动，那就会让自己听命于心血来潮，轻率鲁莽，或是随波逐流，听天由命。若是从外部创造条件让人无忧无虑，不动脑子，就会是反而害了他，让他听从欲望、感觉和环境的摆布。

<small>真正的自由在于智力而不在于身外享受</small>

第二部分

逻辑的探讨

第六章　完整思维行为的分析

我们在本书第一章简略谈了思索式思维的性质,在第二章又谈了思维训练的必要性。接着我们谈了思维训练中的自然资源、困难和训练的目的。这些讨论的目的在于让学生看到思维训练的一般性问题。现在我们转入本书的第二部分,目的在于较充分地说明思维的性质及其正常的成长,并为转入本书最后一部分做好准备,从而理解思维教育将会遇到的一些特殊问题。

第二部分的目的

在本章,我们将分析思维过程的各个步骤或基本成分,分析所用的材料都是极其简单然而真实的思索经历的叙述。①

1."几天前,我在第16街时,注意到一座时

---

① 这几篇材料都是基本上一字不差地录自学生们的课堂作业。

我们如何思维

实际思量的一个事例

钟。我看到钟上的指针指的是 12 点 20 分。这时我想到 1 点钟的时候我在第 124 街有一个约会。我琢磨时间问题:乘坐地面车辆来,花了一个钟头,如果再坐地面车辆回第 124 街,就很可能会迟到 20 分钟。坐地铁,也许可以省下 20 分钟。可是这附近有地铁站吗?倘若没有,我就会白花时间找它,那样一来,就会耽误二十多分钟。我又想到高架铁路,看到两个街区外有高架铁路线。但车站呢?假如车站还得再往上或往下走几个街区,那么我就省不了时间,而只会耽误时间。我回头想地铁,它比高架铁路快,我还想起来有一个地铁站靠近我要去的第 124 街的那个地方,我下了地铁就走不了多久,可以省点时间。于是我决定了坐地铁,果然在 1 点钟到达了我的目的地。"

根据观察进行思索的一例

2."我天天过河乘坐的渡船,其上甲板正前方伸出一根差不多呈水平状态的长杆,它是白色的,顶端是一个金色的圆球。我第一次见到它,觉得它像一根旗杆:它的颜色、形状和杆顶的圆球都像旗杆,所以我想它准是旗杆,似乎是有道理。但很快就看出它又不像了。旗杆通常是竖立的,它却是横着,几乎呈水平状态。再说,它也没有悬挂旗子的滑轮、圆环和绳索。最后,在甲板别处还另有两根直杆上面都有旗帜在飘扬。所以,船头的横杆大概不会是旗杆。"

"这时,我想是不是有别的可能。(1)它会不会是装饰品。可是所有的渡船和拖船都有类似的杆子,不像是装饰品。(2)会不会是无线电天线杆。但进一步想想,它也不像是天线杆。天线杆合适的位置是船上最高处,在驾驶室顶上。(3)那么,它会不会是用来指出船的航向。"

"从这一方面想,我发现它是在驾驶室前下方,舵手能把它看得很清楚。再说,它是根部低顶部高,沿着它看去,可以看到好远的正前方。舵手顺着它瞭望,可以掌握航向。这样看来,确实更有道理。所以我得出结论:这根长杆是用来标示航向,有助于舵手掌好舵。"

3. "我用热的肥皂泡沫水洗玻璃杯,再将杯口朝下放到盘子上,气泡出现在杯口外沿,然后进到杯口里面。为什么?气泡表明有空气,我看那空气一定是出自玻璃杯内部。我看到盘子上的肥皂水阻挡杯内空气的出路,所以冒起了气泡。但空气为什么要离开玻璃杯呢?并没有什么东西进到杯内排挤空气。空气一定是膨胀了。热度升高或压力增大,或二者同时发生,空气就会膨胀。

兼有实验的思索事例

我们如何思维

玻璃杯从热泡沫水中取出后,空气就会变热吗?显然不会是已经与水搅和过的空气。如果原因是热空气,那一定是把杯子从泡沫水中取出放到盘子上时进到杯内的空气。为了检测这想法对不对,我又从水中取出了几个杯子。有的杯子取出时,我把它们晃了几下,保证杯内进了冷空气。有的杯子取出时,我小心地让杯口朝下不让冷空气进去。前几个杯口都出现了气泡泡,后几个则没有。我的推理一定是对了。冷空气进入热杯子就膨胀了,所以在杯口外沿冒起了气泡。

可是气泡泡为什么又会进到杯子里面?热胀,又冷缩。杯子凉了,里面的空气也凉了,杯里张力消失了,所以里面冒起了气泡泡。为了把这一点弄准,我在杯子刚取出、里面还热、杯外冒气泡的时候,用小杯子装冰块放在大杯顶上。很快,气泡就在里面冒起来了。"

三个事例成一系列

以上三个事例是由简到繁,形成一个系列。第一个事例是日常生活中人们常常遇到的问题,思维并不复杂。第三个事例则比较复杂。若是没有一点科学思维,就不会想到这些问题而且想出其答案。第二个例子是思维的一种自然转变,材料是日常生活中都会遇到的,思维者也不需要有什么专业经历。然而这一问题与他的日常生活并没有直接关系，问题是间接想到的，因为他对此产生了某种理论性的和无偏见的兴趣。在本书下文中我们将会谈到从比较实际和直接的感触引发抽象思维的问题。在这里，我们只谈谈各类思维中的通常共有元素。

对上述三个事例仔细看看就可以看出，它们都多多少少包含逻辑上不同的五个步骤：(1) 感受到的困难，难题；(2) 它的定位和定义；(3) 想到可能的答案或解决办法；(4) 对联想进行推理；(5) 通过进一步观察和实验肯定或否定自己的结论，即树立信念或放弃信念。

1. 上述的第一个和第二个步骤往往是结合在一起。在感受到困难时，困难往往就已相当清楚，因而马上就可以考虑能用什么办法予以解决。但也可能是首先只感受到有困难或麻烦，但还不明确问题是什么，需要第二步再界定问题之所在及其性质。不论这两个步骤是合在一起还是分开的，都存在着我们上文中已指出过的思维的起因，即感受到一种困惑或问题。在上述的第一个事例中，困难在于现时的处境与自己想要达到的目的或结果二者之间有距离，或者说有冲突，即目的与手

1. 困难出现

①困难在于用什么手段达到目的

段之间出现问题。目的是在一定的时间要赴一个约会，而现时所在的位置如何做到准时赴约，需费思考。现时的处境是无法改变的，时间不会倒退，第16街与第124街之间的距离不会缩短。要通过思维找到一种办法能从现时的处境圆满达到自己的目的。

②困难在于识别事物的性质

在上述的第二个事例中，困难在于自己最初想到的和暂时持有的信念（以为那根杆子是旗杆）显出与其他事实不相容。现在假定用三个字母 a、b、c 来标示旗杆的特性，用另三个字母 p、q、r 来标示与旗杆不相容的特性。这两方面的特性本来互无矛盾，但出现在同一事物上面就互不相容了。这时需要通过思维，发现这两方面的特性如何统一于这一物体之上。这就需要想到它们之间的一些特性（用字母 d、g、l、o 来标示的驾驶室的位置，船头长杆的位置和方位，以及需要有标杆显示船的航向），使得两方面的特性结合到一起。

③困难在于解释未曾料想到的情况

在上述的第三个事例中，观察者本来习惯于自然法则和规则性，却发现气泡在杯口外沿和内沿的冒法有些怪。思维要解决的问题是如何从这些似乎不正常的情况看出人所共知的自然法则在起作用。解决的方法也是在这两者之间找出中间项，证明其间的正规联系。

2. 如前所述，第一个步骤和第二个步骤，即感受到困难或难题以及明确其性质，这二者在一定情况下是叠合在一起的。但在遇到格外新奇或格外困惑时，最初感受到困难时可能只是感到惊愕，感受到情感上的波动，还一时不明白那是怎么一回事。这时就需要用心观察问题究竟何在，困难是什么性质。这第二步的存在与否，在最大程度上影响到思维的用心深浅，是严谨推理还是只随意思索。若是不经过煞费苦心判明困难的性质，那么对解决困难的联想就多多少少是随心任意的。试设想一个医生给一个病人治病。病人会首先诉说自己有何不适，医生凭经验还会看出病人身上的另一些征候。这时他会联想到某种疾病，然而他若是不再作进一步检查就过早下结论，他就太缺乏认真负责的职业精神了。一位能干的医生很重要的一点就是防止自己先入为主，甚至是有意防止自己过早形成很明显的看法，一定要经过细致周到的检查之后，查明病情，就是弄清困难的性质以后，才下结论。这就叫做诊断。在遇到任何复杂和新奇情况时，都应当是如此防止草率下结论。审慎思维的实质就是不急于作出判断，

2. 弄清困难的性质

而是要查清问题的性质,然后才考虑解决问题的办法。这首先就是将推测变成经过了检验的推理,将最初的联想变成得到了证明的结论。

3. 联想到的可能的情况

3. 第三个因素是联想。一个问题出现时,其情况会要求人们想到某些并不在眼前的事物,例如第一个事例中从现时处境想到地铁和高架铁路;第二个事例中从旗杆印象想到装饰杆和无线电杆;第三个事例中从肥皂水气泡想到空气的热胀冷缩。(1)联想是推论的核心。它从现有事物想到并非现有的事物。因此,它多多少少带有推测、猜想的性质,是思维的跳跃;不论这联想是多么谨慎,都还无法预先绝对保证它的正确。控制联想的因素是间接的,一方面它包括思维习惯的养成,既有想象力又有审慎心,另一方面它也包括联想时所感知的特定事实的选择和排列。(2)联想到但尚未确认的结论还只是一种想法,其同义词包括假定、推测、猜想、假设命题,在精致的情况下还可以称之为理论。在尚未有进一步的证据能证明最后的结论之前,是否可以有暂且的见解,在一定程度上有赖于是否能有不同的推测加以彼此对比,从而找到最佳的下一步或很有可能的解释,因此,用心作出若干不同的联想,是良好思维中的一个重要因素。

4. 对问题有任何一种想法时，进一步思索它的意义——用比较专业的话来说，就是它的蕴涵——这一过程就称之为推理。从一定的事实推论出一定的想法后，就要对这想法加以推理。在上述第二个事例中，想到高架铁路后，就进一步思索，想到找它的车站有困难，走到它的车站会费时间，到另一头下车后走到目的地又得费时间。在第二个事例中，想到旗杆但进一步想到旗杆应是直立的；想到天线但进一步想到天线该在船的最高处；想到装饰品但进一步想到随便哪艘拖船都有此杆；最后想到标示航向，才都说得通。

4. 推理过程

遇到问题要认真细致观察，而联想到答案后则要进行推理，这二者的道理是相同的。想到可能的答案时，要再透彻思索，不要马上就一锤子定音。第一眼得出的推测在仔细推敲以后往往会显得并不恰当，甚至是荒谬的。即使是一种推测经过推理以后仍站得住，这推理过程也会使它变得更贴切、更合适一些。例如在上述第二个事例中，想到指向杆以后，再琢磨推理，就得到自己满意的答案了。有时，最初显得可能性微乎其微的推测，在反复思量以后，却被证明是恰当的、真能解决问题的。通过推理，可以将最初显得似乎不相接的两个极端连接成为一个整体。

5. 证实一看法而得出一信念

5. 最后的作出结论的步骤，就是对联想到的一种看法予以证实。在此之前，一种看法还只是假定性质的。若是经过推理，发现这一假定所要求的条件皆已具备，而与此相悖的可能性均不存在，那就几乎不可抗拒地会接受这一看法，使之成为信念。有时，通过直接观察即可完成这一证实过程，上述第二个事例即是如此。而上述第三个事例（冒气泡）则表明，有时还需要再做实验，即按照自己的假定看法布置相应的条件，看看自己理论上得出的结果是否会真正实现。若是实验的结果与自己理论上推断出的结果相符，证明在一定条件下就会产生出这样的结果，那就表明这一见解得到了证实，可以下结论——至少在相反的事实要求修正这一结论之前是如此。

一头一尾观察，中间进行思索

在整个这一过程的开始和结尾，都要进行观察。在开始，要通过观察弄清问题或困难是什么性质；在结尾，则要通过观察检验自己推理出的结论是否正确。在这两头之间，则是动脑筋思索，先是推测、联想出可能的解释或解决办法，然后推理，想明白上述见解的意义和蕴涵。推理要求进行一定的实验性观察以求得证实，但只有在初步推理而得出的见解的基础之上进行实验，这实验才会是经济实惠和富有成果。

  思维训练的目的就在于养成逻辑思维的方式，能在任何情况下准确判断上述每一步骤该走多远，如何适当完成。这里决没有死板固定的规则。情况与情况各不相同，轻重不一，长短各异。在一个情况下想得太多是愚蠢——不合逻辑——在另一个情况下则会是相反，考虑不够周密就会犯错误。在一个极端，需要迅速下结论，处置宜早不宜迟；在另一个极端，则应该经过长期斟酌才下决心，甚至要搁置一辈子之久再行定夺。训练有素的思维应是能恰到好处地完成每一情况所需的观察、联想、推理和实验性检验，而且善于吸取教训，吃一堑长一智。重要的是，思维应对问题敏感，思绪的触发和问题的解决均熟巧老练。

> 思维训练要能适当完成上述各步骤

第七章　系统推理：归纳和演绎

一、思维的双向运动

在事实和意义之间来回思索　　我们已看到思维的具有特性的结果，就是将一些本来孤立的、零碎的、不一致的事实和情况组织起来，实现这一组织的办法就是引入一些连接环节，即逻辑学中所说的中项。那些事实构成资讯，供思索的原材料。随后就联想某种内涵、外延的意义，若能得到证实，就会让那些零碎的、似乎不相容的资讯各就各位，构成一个整体。联想到的内涵外延会提供一个思维平台、智力和观察角度，供进一步细心注意和界定那些资讯，寻求更多的观察，通过实验，来建立改变了的情况。

归纳和演绎　　因此，思维表现为双向运动：从一些既定的局部性和凌乱的资讯，联想到综合的（或包含的）整体情况；再从这一整体（一定的内涵、外延的

第七章 系统推理：归纳和演绎

意义，一种看法）回过来思索那些具体的事实，使它们互相连接，而且与留心联想到的事实相连接。粗略地说，前一思维运动是归纳，后一思维运动是演绎。一次完整的思维包含着这两种运动，即包含着观察到的（或回想到的）一些特定的思虑与综合、深远的总体思虑之间的有成果的互动。

然而思维的这种来回的运动既可能是随意的和未加严密思索的，也可能是严谨和精心安顿的。无论如何，思维意味着弥合经验中的差距，将本来互相隔开的事实或情况连接到一起。但我们可能只是匆忙从一点考虑跳跃到另一点考虑，免得多伤脑筋；也可能坚持细想走过的路以建立起联系。总之，我们可能愿意接受任何一个似乎有道理的联想；也可能要仔细搜寻出进一步的因素，找出新的困难，琢磨已推测到的结论是否真能解决问题。后一种做法包括明确形成连接的环节，提出一条信念，用逻辑学术语来说就是使用一个全称命题。这样，如果我们明确表述出整个的情况，原先的资讯就变成推理的前提；最后的信念则是逻辑的或者说理性的结论，而不只是一个事实上的结束。

分隔的事物联结成一个整体时，这种联结的

匆忙与审慎

前提与结论：关系的连续性

重要性就体现于前提与结论的如下关系：(1) 前提被称为结论的根据和基础，结论依赖前提支撑而成立。(2) 我们可以从前提"下"到结论，也可以从结论"上"到前提，恰如江河可从源头"下"到入海口，也可以从入海口"上"至源头。所以结论是出自或者说是流自、引出自前提。(3) 结论一词本身就表明它是将前提中列出的各不同因素归结、总结、拴结起来。我们说前提"隐含"结论，结论"隐含"前提，这标志着我们的相容、综合的一体感，推理的元素均紧紧结合于其中。[①]

总之，系统推理意味着承认原先无组织和无联系的一些想法（考虑）之间存在着一定的相互依存关系，而这一承认是来自发现和注入了新的事实和属性。

科学的归纳和演绎

然而，如同思维的较粗略形式的双向运动一样，这种较系统的思维也是包含着走向联想或假说的运动以及回过来走向事实的运动。区别在于这一过程的每一个阶段都完成得更加小心慎重。必须在符合一定条件的情况下才可提出和演进联想。不可以匆匆忙忙就接受那种似乎有理、似乎

[①] 见 Vailati, *Journal of Philosophy, Psychology, and Scientific Methods*, Vol. V, No. 12.

第七章 系统推理：归纳和演绎

会解决问题的想法；这些想法必须符合一定的条件，而且经得住下一步的探究。这种想法只是作为一种"工作假说"，用以指引调查和发现新的事实，而不是作为最后的结论。当思维运动的每一步方方面面都仔细用心做到尽可能准确无误时，走向建立观念的运动就称之为归纳性发现（简称归纳），而走向展现、应用和检验的运动则称之为演绎性证明（简称演绎）。

归纳是从零碎细节（特称命题）走向对情况的联结起来的观点（全称命题）；演绎则是从全称命题走向特称命题，将这些特称命题联结在一起。归纳性运动是要发现能起联结作用的基本信念；演绎性运动则是要检验这一基本信念——检验它能不能统一解释各分隔的细节，从而在此基础上将它予以肯定或否定或修正。我们在完成这样每一个思维过程时，都考虑到另一思维过程，使之彼此参照，就可以得到实在的发现或者得到核实的重要见解。

特称命题和全称命题

现在用一个普通的事例来进一步说明这一道理。一个人出门时，他的房间是整整齐齐的，可是他回来后发现房间里的东西被扔得乱七八糟，撒满了一地。他立刻想到准是进来过小偷了。他

一个日常生活中的事例

不曾看见小偷,来过小偷只是他的一个想法。此外,他也想不出小偷是什么人,只是抽象笼统地想到这可能是小偷干的。房间被人弄得乱糟糟的;他联想到小偷,这只是对房间现状的原因的一种可能的解释。

归纳　　　　到此为止,他只是根据眼前的事实进行推想,是一种归纳性思维。同样的归纳性思维还使他想到这又有可能是他的顽皮的孩子们干的。这是另一种可能的解释,另一个假说,这使得他一时还难以下定论,而是需要进行判断。

演绎　　　　这时演绎思维运动开始了。在已有联想的基础上,需要作进一步的观察、回忆和推理。他想,如果这真是小偷干的,就应该发生了什么什么事,他的一些值钱的东西就该丢失了。这样,他的思维就是从一般转向具体,但不是回到原先的特称命题(那只会是无效的兜圈子),而是转向新的特称命题,即新的细节,这些细节的发现或无发现将是对自己见解的检测。他打开了他放有一些值钱东西的箱子,看到有的东西不在了,但有的东西还在。那些不见了的东西是不是他自己移动过了呢?他记不清了。所以这一实验解决不了问题。这时他想到壁柜里的一套银餐具——孩子们不会动它们，他自己也不会漫不经心地挪走它们。打开壁柜一看，银餐具没有了。他再看看门和窗，门窗有撬损的痕迹。来过小偷的想法得到证实了。信念最终确立，原先那些孤立的事实联结成了完整的图景。最初归纳出的想法被用来进行推理，演绎出进一步的特称命题，若想法正确，那些特称命题就应当是成立的。这时，新的观察行动表明那些特称命题存在，这样，想法得到证实。思维是在观察到的事实和推想之间来回运动，直到原先一些不相联结的细节构成了一次完整的体验为止——若不是这样，那就说明整个思维过程不成功。

学术界也用事例阐述了类似的态度和行动，只是阐述得更加仔细、精确和透彻。这样下工夫以后，就出现了专业化，将各种不同类型的问题加以明确区分，将各类型问题相关联的材料加以分类。本章下文中将谈谈学术界用于内涵外延的发现、展示和检验的一些手法。

二、归纳性思维运动的引导

对于联想的形成的引导必然是间接的，而不 　　引导是间接的是直接的；是不完善的，而不是完善的。对于事物的新的思维的发现和领悟都是从已知的、现有的事物走向未知的、不在眼前的事物，因此不可能有什么规则能保证推理正确。一个人在一定情况下会有什么样的想法，这取决于他的素质（思考能力，天分），性情，主要兴趣之所在，阅历，原先处过的环境，专业知识，近来他一直操心或十分操心的事情，如此等等。在一定程度上，这还取决于当时当地的事态的偶然组合。这些因素只要是存在于过去或是外部，就显然是调控不了的。可能出现一个想法，也可能不出现一个想法；冒出的也许是这一个想法，也可能是另一个想法。然而，如果原有的经验和训练已经让人养成了耐心的态度和不轻信的态度，能沉住气而不轻易做出判断，愿意多查询探究，那么联想的过程就有可能受到间接的调控。个人对于产生联想的那些事实可以再加审视，重新修正，重加陈述，加以放大和分析。严格说来，归纳方法都应该是对观察、记忆以及对他人证词的接受（提供新资讯的行动）这一切所发生之时的条件加以调控。

间接调控方法　　现在假定一方面是事实 A、B、C、D，另一方面是个人的一定习惯，联想是自然而然地产生。

但是，如果事实 A、B、C、D 经过仔细审慎而演变成事实 A′、B″、R、S，由此产生的联想自然就会与原先不一样。要查清事实，准确地和缜密地看清它们的特性，将那些模糊不清的事实加以放大，将那些炫目耀眼而分散自己注意力的事实加以压缩——正是用这样一些办法来修饰那些引出联想力的事实，从而间接地引导联想推理的形成。

试以医生如何进行诊断为例来说明这一归纳过程。有科学头脑的医生不会只看看病人表面症状就匆忙下结论。病人一些症状很像是伤寒，但他会避免下这一结论，甚至避免这方面的强烈联想，而是要首先努力从许多方面扩大他掌握的资讯，再用心审视。他不但要问病人感觉如何和发病前的活动情况，而且要亲手触摸（包括使用专门工具），看出病人自己并不完全感受到的事实。他要准确了解病人的体温、呼吸和心率，记录其变化。他一定要用种种办法争取更广泛地细致地掌握情况，然后才会加以归纳。

医生诊病一例

总之，科学的归纳意味着，观察和积累资讯的所有过程均受到调节，着眼于促进能说明问题的理念和理论的形成。这些手法均应致力于选择那些能为联想或观念的形成提供有分量、有意义

科学的归纳

依据的确凿事实。具体说来，这一选择过程包括：(1) 通过分析，排除那些很可能造成误导和不相干的事实；(2) 收集情况并加以对照，突出重要的事情；(3) 实验变异，慎重构建资讯。

排除不相干的意义

1. 人们常说，要对观察到的事实和根据这事物作出的判断这二者加以区分。有些情况下，这一点是无法做到的。观察到的事物若是本身就具有一定意义，排除这一意义就会变得空洞无物。一个人说："我见到了我的朋友。"这里的"朋友"是由人与人的关系推理而来的理念，并不是能直接观察的。如果他这句话改成"我看见了一个人"，这"一个人"比"朋友"在理念上是要简单一些，但仍含有推理成分。这句话若是进一步改为"我看见了有颜色的东西"，这话含有的推理成分更少了，但仍多多少少存在而无法排除。从理论上说，这"有颜色的东西"甚至有可能根本不存在，而只是视觉神经的错觉。然而，学会将观察到的事物与推理而来的观念加以区分，仍有重要的实际意义。这就是说，有的推理若是根据经验来看极有犯错误的可能，就应予以排除。在通常情况下，一个人说"我看见了我的朋友"是不必加以简化，不必将"我的朋友"简化为"一个人"或其他。然而,一个人说"我看见了有颜色的东西",就成为真正的问题。这"东西"可能存在,也可能不存在,而是视觉神经受刺激而产生的错觉(例如受打击时"两眼直冒金星")或是血液循环紊乱造成的错觉。有科学思维的人懂得,自己有遇事就下判断的习惯,这就有匆忙之间犯错误的可能,因此自己一定要对此保持警惕,防止自己的习惯和先入之见导致错误的结论。

因此,科学的思索应当避免匆忙过早下结论,要努力做到纯"客观"而毫无偏见地解读资讯。面颊发红通常意味着体温升高,脸色苍白则通常意味着体温降低。然而仅凭这一点就下结论是有可能出错的,所以还要用体温计测量体温。各式各样的仪、表、计、镜等等用于观察的工具都有助于科学思维,消除自己由于习惯、偏见、过度兴奋或热切期盼之心以及当前流行的理论的影响而造成的错误见解。各种摄影和录音器材、记波器、曝光计、心震描记仪、体积描记器等等设备能提供可长久查阅的记录,可供不同的人使用,亦可供一人用于不同时间和不同心理状态。这样,由于个人习惯、愿望以及近期经历余波而出现的纯个人偏见,就可以大体上得到排除。用普通话

下结论的要领

来说，就是要客观地判定事实，而不能主观地予以限定。这样，过早阐释的趋势就会得到控制。

多取事例

2. 另一个重要的控制方法，在于多取事例进行对比。在检查一车谷物的质量时，只检查一把是不够的，要从不同部位抓出好几把，加以对照。若是它们质量都一样，当然不错；若是它们水平参差不齐，那就需要再抽查足够多的样品，把这许多样品仔细拌和在一起，以评价其质量。这一例子大致表明了归纳过程这一科学控制方法，即多多观察，不要只凭一个或很少几个情况就下结论。

这一方法并不是归纳的全部

归纳方法的这一个方面确实很重要，所以人们往往把它视为归纳的全部。他们认为所有的归纳推理都是立足于收集和对比一些类似的事例。然而，这种收集和对比类似事例的做法只是在某种单一事件中为确保结论正确而采取的第二位的做法。在抽查一车粮食质量时，只抽查一把样品，也是归纳，在某些场合还会是一种合理的归纳；而多抽取一些样品，则是为了让这一归纳更可靠，更可能正确无误。在上文中谈到的判断房间遭过小偷一例中，则是审视了并不相类似的、性质不同的情况后，做出了来过小偷的结论。当问题一时模糊不清而难以判明时，就需要对一些并不相

第七章 系统推理：归纳和演绎

似的事例加以对照，而收集类似的事例加以对照只是为了让归纳更有把握。考虑众多事例的目的，是选择证据性的或重要的特征，用作在某种单一事件中进行推理的基础。

因此，在审视事例中，事例的不相似性是与相似性同样重要。只有相似性对比而没有不相似性的对照，不等于合乎逻辑。倘若我们观察的或回忆的其他事例仅仅是重复所要思考的问题，那么就推理而言，就跟自己从原先的那一个事例而下结论是差不多，好不了多少。在抽查谷物一例中，重要的是那些样品应不相同，至少是从粮车的不同部位抽取而来的。假如都是从同一部位取出的，那么对这一车谷物质量的评估就没有什么意义。从逻辑上说，比较相似与对照不相似总是联系在一起的。如果我们让儿童观察植物种子怎样发芽生长，虽然有许多种子，但都是放置在彼此没有什么区别的环境里，孩子不会悟出多少道理。但若是有的种子放在沙里，有的放在土壤里，有的放在一卷吸墨纸里，而且每一种环境又分浇水和不浇水，从这些不相似因素的对照，孩子很快会懂得种子发芽长苗的必备因素是什么。总之，一个人进行观察时，既要用心观察相似的情况，

不相似性与相似性同样重要

我们如何思维

也要用心观察不相似的情况，尽可能广泛对照各种不同的情况，他才能判断能为他所面临的问题提供证据的力量是什么。

例外和相反情况重要

显示出不相似性的这种重要性的另一个方面，在于科学家重视反面事例，即重视有哪些事例看起来似乎应该符合要求，但事实上却并非如此。反常的情况，例外的情况，在大多数方面均一致但在关键的某一点上却并不一致的情况，都十分重要，所以科学家们想了许多办法来发现、记录和铭记这些形成对照的事例。达尔文曾指出，一些与普遍规律有出入的情况很容易被忽略，因此他有意养成一种习惯，不但仔细搜索那些与众不同的事例，而且还把他见到和想到的每一点例外情况都写下来，否则就很可能会忘记。

三、条件的实验变异

实验是引进对照因素的典型方法

我们在上文中已经提到过归纳法这一因素，只要有可能运用它，它就是最重要的。从理论上说，"正确合适"的一个例证就足以构成推理的基础，其作用不亚于一千个例证。然而"正确合适"的例证极少有可能自发性出现。我们不得不寻找

第七章 系统推理：归纳和演绎

这样的例证，有时还不得不制作它们。我们在发现一个事例或许多事例中，如果只是原封不动地看待它们，那就会看到，它们包含的内容有许多并不涉及我们所面临的问题，而涉及这一问题的许多内容又是模糊不清，或者是隐蔽的。实验的目的，就是要按照预先设想好的计划，采取有规则的步骤，构成典型的、关键性的事例，使之能明显启迪我们解决面临的难题。所有的归纳方法（如上文中所述）均有赖于调控观察和记忆的条件，而实验则是最佳的调控办法。我们力图做到进入我们观察视野的每一因素及其运行模式和运行量均可清楚识别。如此构建观察，就是实验。

通常的观察只是等待事件发生或事物呈现，通过实验进行的观察则显然有许多优越性。实验能克服我们所要观察的事实的（1）罕见性；（2）微妙性和纤细性（或剧烈性）；以及（3）固定性这样一些缺点。杰文斯*在他的《逻辑基本课程》一书中对此均有阐述：

> 实验三大优点

1. "我们也许要等待几年或几个世纪才会偶然碰巧遇上我们在实验室中随时能造出的情况。

---

* 杰文斯（Jevons, William Stanley, 1835—1882），英国经济学家，逻辑学家。——译注

现在已知的多数化学物质以及许多十分有用的产品，倘若当初我们一直等待大自然把它们自发地送到我们面前，那就很有可能是永远也发现不了的。"

这一引语说明了自然界的一些事实，包括一些很重要的事实，是罕见的、很少自发出现的。杰文斯接着指出自然界一些现象是微妙的、纤细的，很容易避开人们一般的目光。

2."电无疑运行于物质的每一粒子之中，而且大概是时刻不停的。古人大概也不会看不到电在磁石、闪电、北极光以及琥珀摩擦中的作用。但是闪电中的电太强烈和危险，而另几种情况中的电又太弱，难以得到适当理解。只有当人们能从普通的发电机或伽尔伐尼电池得到经常的电力供应以及能制造大功率电磁体以后，关于电和磁的科学才得以发展。电的作用，即使不是全部也是大部分，一定都进行于自然界之中，只是太模糊费解而无法观察。"

杰文斯接着谈到，在通常的经验条件下，那些只有在各种情况下看得见才能加以理解的现象，都是呈现于固定的、统一的状态。

3."例如人们看得见的碳酸只是从碳的燃烧

冒出的气体。但它遇到极高压力和低温时，会凝结成液体，甚至变成雪似的固体。许多其他气体也与此相似能成为液体或固体。有理由认为，只要有足够合适的温度和压力的变化，每一种物质都能呈现为固体、液体和气体三种状态。与此相反，若是仅仅观察自然界，就会以为几乎所有的物质都只会呈现为一种状态，而不会从固体变成液体以及从液体变成气体。"

各个不同学科的科研人员都已研制出种种不同的方法，来分析和重新阐释普通经历到的各种事实，从而让我们能避开那些老一套的和胡乱的联想，从适当的形式和角度理解事实，得到准确的和影响深远的解释，而摆脱那些含混不清的和有限的解释。若要细说这样的方法，那就得写好多本厚书。但所有这些归纳探索方法都着眼于一个目的，即间接调控联想功能，或者说间接调控概念的形成。大体说来，它们还可以归结为上面所说的选择和安排题材的三种类型的某种组合。

四、演绎性思维运动的引导

在直接谈这一话题之前，我们必须看到，归

我们如何思维

演绎对于引导归纳的价值

纳的系统调控有赖于掌握一批能以演绎方式应用于审视或构建所遇到的问题的一般性原则。一位医生若是不懂得人体生理学的一般原理,就很难判明他接诊的病人的病情中,什么是特别重要或特别异常的。如果他懂得血液循环、消化和呼吸的原理,他就能推断出一个人正常情况如何,在此基础上他就能估量一个病人病情如何,判定病情的部位。与此无关的特征即使明显也不必多想,注意力将会集中到那些反常而需要诊断的特征之上。问题提得准确就等于回答了一半,这就是说,问题的难点明确了,就不难为它找到答案了。相反,问题模糊不清,就只会在暗中摸索。为了把问题提得明确而有成效,就必须运用演绎法。

推理到完备

然而,通过演绎掌握假说的起源和展开,还不只是停留于界定问题之所在。概念刚呈现时,还是不完善、不完备的。在第六章中已谈到,演绎就是使概念的意义臻于完备。一个医生看到病人的症状像是伤寒。伤寒这一概念是能够展开的。如果是伤寒,只要是伤寒,就应该还有一些特征性的症状。医生思索伤寒时,会充分琢磨伤寒的种种表现,进一步探明相关的现象。他会进一步询问、观察和实验。他会用心研究病人的种种情

第七章 系统推理：归纳和演绎

况，考虑伤寒这一假设是否正确。演绎的结果构成与观察到的结果相对比的基础。进行理论上的推理，必须有一整套可用的原理，否则，对假设命题的检验（或求证）就会是不完全的、有风险的。

这样的考虑就表明了引导演绎性思维运动的方法。演绎要求有一套相关连的概念，它们可以按照通常的或分级的步骤彼此互换。现在问题是我们面对的事实可否确定为伤寒。表面看到的现象与伤寒之间还有很大一段差距。如果我们能运用某种替换法，通过一系列中项，就可以弥合这一差距，得出肯定或否定的结论。伤寒可意味着 p，p 又意味着 o，o 又意味着 n，n 又意味着 m，m 则很类似于选择来解答问题的资讯。

> 这种推理意味着系统的知识

科学的主要目的之一在于为每一典型科目提供一系列彼此密切相连接的内涵外延和原则，其中任何一个在一定条件下意味着另一个，另一个在另一定条件下又意味着再一个，如此等等。这样，有可能作出各种不同的相等者的替代，不必求助于具体的观察，即可将推理追踪到一项信念的遥远后果。推理所依靠的手段是下定义，遵循公式，以及进行分类。它们本身并不是目的，而只是手段，使理念呈现为合适的形式，其对于一

> 或定义与分类

定事实的适用性可得到最好检验。(这些过程将在第九章作进一步讨论。)

演绎的最后检测　演绎的最后检测在于实验观察。精心推理可以使联想到的概念显得很丰满和看来合情合理,但这一概念正确与否,尚不能下定论。只有当相关的事实可以通过收集或者实验的办法得到观察,在细节上均与演绎的结果相符而无例外时,我们才有理由将演绎的结果视为正确的结论。总之,思维必须始于具体观察而又终于具体观察,才能是完全的思维。演绎过程的最终教育价值如何,就要看它们在多大程度上能成为创立和发展新经验的有效工具。

五、这一讨论的某些教育意义

错误逻辑理论在教学中的表现　上面谈的逻辑分析的重要性,一部分在于考虑它们对于教育的意义,这尤其是因为教育界现在有一些错误的做法,将思维分隔为互不相连的想法。

(1) 在某些学校科目中,至少在某些课堂上,学生们被浸沉于细节之中,给他们头脑灌输的是一些互不相连的条目(通过观察和记忆或者凭道听途说和权威训示而来的内容)。归纳的开头和结尾都是堆积事实，堆积孤立片段的信息。这些条目只有呈现一个更大的情况，能包括和说明这些特称命题时，才有教育意义，可是这一点却被忽视了。在初等教育的实际课程以及高等教育的实验教学中，学生往往是"只见树木不见森林"。各种事物及其性质都被零敲碎打，而未提及它们所代表的和说明的更带普遍性的情形。在实验室里，学生只全神贯注于操作过程，而不理解如此操作的理由，不认识他们这样做所要解决的典型问题是什么。只有演绎才能表明和着重指出事物按逻辑顺序的关系；而只有看到这些关系，学习才不再是碎纸篓。

孤立"事实"

(2) 对于包含零碎事实的整体，只让学生匆匆忙忙有一个模糊的概念，而没有让学生意识到它们在这一整体之中是如何联结到一起的。学生们是"一般地"感觉到科目（例如历史和地理）的各种事实的相互关系，这里的"一般地"也就是"模糊地"，并不了解其关系究竟如何。

未能再作推理

学生被鼓励在一些特定事实的基础上形成一个一般性的概念，即这些事实相联系而形成的理念；但并没有费心思督促学生进一步探究这一概念,思索它对当前这一事例及类似事例有何意义。归纳推理成了学生完成的猜测。若是猜对了,教师立即予以肯定;若是猜错了,就予以否定。如果说对这一理念有所引申,那也完全可能是由老师,智力发挥成了教师的责任。但是一个人的思维活动要做到完整,就应当在作出联想(猜测)以后再进一步推想它对自己所面临的问题意义何在,要至少想到它如何适用于当前的具体资讯,如何说明这些资讯。当课堂教学不在于简单检测学生展现某种技巧或重复教科书或讲义陈述的事实和原则的能力时,教师却走到相反的极端,听到了学生们的自发反应、猜测或想法以后,只是表示对或不对,然后自己承担起进一步发挥的责任。这样,联想和阐释的功能受到了激发,却没有得到指导和训练。归纳受到了兴奋,却没有推进到推理完成的阶段。

在另一些科目中,演绎阶段被孤立了,似乎它自身就是完全的了。这种错误的做法可能出现于思维程序的开始或结束。

以演绎开始,使之孤立

(3)第一个错误的一种常见的形式就是一开始就提出定义、规律、原理或分类等等。这种做法已受到教育改良派的一致批评,因此已没有必要再细说这种错误，只需指出，从逻辑上来说，出现这种错误，是因为在引进演绎考虑时没有首先指出是什么样的事实要求演绎法的运用。可惜改良派人士有时把批评意见说得过了头，或是指错了地方，有时变成了一概反对使用定义、系统化和原理。其实，它们只有在并非人们具体经验所熟悉却用于思维的开头时，才是应该反对的。

（4）从另一头来看，在一般推理过程的最后，没有用新的具体事例来论证和检测推理的结果，这也是使演绎陷于孤立。演绎法的最后要点在于它们用于各个事例的消化和认识。对于自己通过事例概括而想到的一条普遍原则，必须能够运用它掌握新的情况，才能说对它有了充分的认识，否则，不论怎样会说会重复，那也都是不够的。然而，教科书和教师往往满足于提供一系列多多少少是敷衍了事的例子，而没有要求学生将他想到的原则运用于他自己经验中的其他事例。这样，他这条原则就是没有生气和无活力的。

<small>未将归纳用于新观察</small>

（5）现在换一个角度谈同一话题：每一个完整的探索性思维行动都会为实验预作安排，准备对推想到的和已认可的原则进行检测，用以积极构建新的事例，看是否有新的品质出现。我们的

<small>缺乏实验安排</small>

学校只是缓慢地接受科学方法的推广。从科学方面看，现已证明，只有采用了某种形式的实验方法，有效的和完整的思维才有可能。在高等院校和中学中，这一道理已得到一定程度的承认。但在初等教育中，多数人仍然认为，对于孩子的智力成长来说，天然的见闻就已够用了。当然小学校不必都为此建立实验室，更不必购置精密仪器，但是人类的整个科学发展史证明，要具备完整思维活动的条件，就必须做好充分的安排来实施那些实际改善物质生活条件的活动，而书本、图画乃至仅消极观察却不加以操纵的物体都是不会提供这样的安排的。

第八章　判断：对事实的解释

一、判断的三个要素

一个有健全判断能力的人，在任何事务中，不论其学识或受到的训练如何，都表明他是有文化的人。如果我们的学校造就出来的学生，在他们遇到的各类事务中，其思维态度能有助于作出良好的判断，那就比学生单纯拥有大量知识，或在专门学科分支中具有高度技能要好得多。

良好的判断力

判断和推理之间的密切关系显而易见。推理的目的在于得出一个合理的判断。推理的过程涉及一系列不完全和尝试性的判断。那这些推理到底是什么呢？判断的重要特点可以从使用判断这个词的作用去考虑，那就是在法律辩论中，对种种问题作出权威的决定——法官的判断。它有三个特点：(1)辩论，对立的双方对同一件客观情

判断与推理

境有相反的要求；（2）对这些要求加以审查和限定，并且清查支持那些要求的事实；（3）作出最后的决定，结束对特定事项的辩论，并且作为判定未来案件的规则或原则。

判断前提的不确定性

1. 如果没有对某种事物的疑惑，那么对于情境一下子就能了如指掌；一眼就能看明白，即此时人们只有单纯的知觉和知识，而没有判断。如果对事物完全持怀疑态度，如果它完全晦涩难懂，那么它也是神秘不可思议的，也不会发生什么判断。但是如果情境暗示了模糊的各种不同的意义，各种可能对立的解释，那么就有了某些争论点，有了某些利害相关的事实。疑惑采取了在头脑中互相辩论的形式。各个不同的方面相互竞争，都为了取得合乎自己利益的结论。对于交付审判的案件，判断要作出简洁明确的说明，在两种可供选择的解释中，对其中之一作出肯定的表示；但是，对于有怀疑的情境，期望从理智上把它搞明白，也应以此为范例，它具有同样的特点。我们远远地看一个活动的模糊不清的东西，我们便要发问："那是什么？那是一片旋风卷起的尘土吗？是一棵树摇晃着的树枝吗？是一个人招手向我们示意吗？"在整个情境中,这些可能的意义都有一些暗示。其中只有一种可能是正确的；也许它们都不适当；然而，这个事实本身一定具有某种意义。究竟哪一种暗示的意义有合理的要求呢？感知到的东西究竟意味着什么呢？它究竟应当怎样去理解、估计、评价和处置呢？每一个判断都是从这样的一些情境中产生出来的。

2. 在听取争论和审判时，或在权衡两种要求以取舍时，常分为两派。在特定的情境中，其中一方可能比另一方更为引人注目。在考虑进行法庭辩论时，这两派均在精选证据和挑选适用的规则；它们就成为这个案件的"事实"和"法律"。通常所说的判断包括：①确定在特定事件中具有重要意义的资料；②周密考虑由原始资料引起的暗示的概念或意义。它与两个问题有关：①在作出某种解释时，情境的哪些部分或方面具有重要意义？②用作解释的观念，其充分的意义和影响究竟是什么？这些问题是紧密相关的；各个问题的答案也是相互依存的。然而，为了方便，我们也可以将它们分开考虑。

判断界定问题

(1) 争论过程中并无重要意义。一种经验的所有部分虽然同等存在，但作为标记和证据，它们的价值却远远不同。没有什么有特点的标签或

(1) 选取什么事实作为证据

符号来表明"这是重要的"或"这是无价值的",也没有强烈、活泼或显著等最为表明价值的标尺。最显眼的事情也许在特殊的情境中完全没有意义,而理解整个事情的关键却可能往往是细小而隐蔽的。那些并无重要意义的特点总是让我们分心。人们坚持认为,它们的要求可以作为说明的线索或暗示,而真正具有重要意义的特点又并不完全显露在表面上。因此,在感觉中出现的情境或事件也需要判断。一定要进行排除、淘汰、选择、发现和理解。在我们获得最后结论之前,淘汰和选择是尝试性的和有条件的。我们选择那些我们希望提示意义的事实。但是,如果这些事实并不能暗示和包括某种情境,我们就得重新组织资料或事实;通过这些事实其特点可以用来作为证据,以求得到一个结论或形成一个决定。

选取证据的专业度

选择、淘汰或组织并没有严格和固定的规则。如同我们所说,这完全要靠良好的判断。所谓良好的判断能力,就是对疑难情况的各个特点具有指明其价值的能力,能够知道什么是无价值的,应当排除哪些不相干的材料,应当保留哪些能导致结果的材料,什么应当作为疑难中的线索加以强调。在通常事物中,这种能力称为技巧、机智、

第八章 判断：对事实的解释

聪明；在更重要的事物中，它们被称为洞察力和辨别力。这种能力，一部分是生来就有的或先天的，但是它也是对过去活动长期熟悉的基本结果。有了这种能力，就可以掌握可作证据用的事实，或可以掌握意义重大的事实，并能把这种能力用于任何事物中，这就是专家、行家和法官的特征。

米尔援引下面的事例，说明从情境中找出具有重要意义的因素的能力可以发展到非常完美和精确的地步。"一位苏格兰的厂主，以高薪从英格兰请来一位染色工人。这名染色工人以配制上等的颜色而闻名。厂主要求他向其他工人传授这种技能。这位工人来了，但他调和染料的各种成分时用手抓配各种染料，而不是用秤，他配制颜料的秘诀就在于此。厂主要求这位工人改变手抓的方法，采用通常的秤法，这样，其独特的人工生产方法的一般原理就可以查清了。然而，这位工人发现他自己不会以秤代手，所以他无法向任何人传授他的技艺。在他个人的经验中，颜色的作用和他手捏颜料的知觉之间已经建立了一种联系；他在任何特殊情况下均能凭知觉推断出使用的方法和用这种方法所产生的效果。"对于情境做长期周密的考虑，以强烈的兴趣热衷于大量的类

<small>直观判断</small>

似的经验,由此产生的判断称为直觉判断;这是真实的判断,因为它们立足于明智的选择和估量,以解决问题作为控制的标准。对于这种能力的占有与否,就形成了专家能手与仅凭脑力的笨拙的人的区别。

这是判断能力的最完美形式。但是,无论如何,这种方式总伴有某种感觉;伴随区别某些特质的试验,弄清对它们的强调会导致什么;伴随谋求得到最后的客观评价的期望;如果别的特点更能说明暗示,便期望完全排除一些因素,或者把它们放到不同的地位。机警、灵活和好奇心是基本的要素,独断、顽固、偏见、人性、因循守旧、激怒和轻率则必然导致失败。

(2) 要决定一件事情,必须选取适当的原则

(2) 选择资料是为了控制暗示意义的发展,从而可以得出关于暗示意义的解释。概念的形成同事实的确定是同时发生的;在头脑中,一个可能的意义接着另一种可能的意义相继发生,考虑资料同暗示的关系,发展为更详细的情节,然后决定舍弃它,或者把它接受下来并加以试用。我们不能以自然朴素的心灵来处理任何问题;我们是以习惯性的理解方法以及先前逐渐积累的某种意义,或者至少是从意义中引申出来的经验来处

第八章 判断：对事实的解释

理问题的。如果习惯被终止，并受到抑制，人们心中便出现了对于所争议事实的种种可能的意义。并没有严格和固定的规则可以决定哪一个暗示的意义是对的和合适的。这要由个人良好的（或不好的）判断作为指导。在任何观念或原则上面，都没贴标签自动地告诉人们："在这种情境中，使用我吧！"——如同《奇遇记》中艾利斯的魔饼上写着"吃我吧"那样。这要靠思维者去决定去选择；而且，此举常有风险。所以，稳健的思维者要慎重地选择主题，即通过后来的事件确认其正确或证明其错误。如果一个人不能明智地估计什么是对于疑难问题的合适解释，那么即使他通过艰苦的学习，有了一大堆概念，也无济于事。因为知识并不等于智慧，知识也不能保证良好的判断。记忆就如同一个冷藏室，里面储存着大量的意义，以备将来使用。但是，在紧急情况下，判断只是从里面选择和采用其中之一——如果没有紧急情况（某些较轻微的或重大的危机），那就不能引起判断。任何概念，即使它在抽象上是细心地坚固地建立起来的，在解释事物时，起初也只不过是一个候选者，只有那些能指明黑暗困境的出路，打开紧紧的绳结，使矛盾得到缓解，在这些特定的情境中被挑选出来,而且被证明是确切的观念,才能在所有的候选者竞争中取胜。

<small>在一项决策或声明中判断终止</small>

3. 一个判断形成之后,它就是决定;判断就终结了,或者说争论的问题便结束了。这一决定不仅解决了那个特殊的事项,同时,对决定未来的类似事项也提供了一种规则或方法。就像法庭上的判决一样,它就结束了这场争论,同时也为将来的判决提供了一个判决的范例。如果对于决定的解释同后来发生的时间并无不合之处,那么,就建立起一个事实的推断,这有利于解释其他的案例,只要其他案件的特点同以前的案件没有明显的不同,援引前一案件的解释就是适当的。这样,判断的原则就逐渐形成了;某种解释的方法就获得了影响力和权威性。总之,意义得到了标准化;它们变成了逻辑的概念。

二、观念的起源和性质

这使我们想到与判断有关的观点[①]。在令人

[①] "观点"(idea)一词通常也被用来指ⓐ一种纯粹的想象,ⓑ一种被接受的看法,ⓒ判断本身。但更符合逻辑的是,观点指在判断中的某项因素(factor),正如文中所解释的。

第八章 判断：对事实的解释

费解的情境中总有一些什么暗示。如果这些意义被立即接受，那么就不存在反思思维，也不存在真正的判断。思考被停滞；带来的只是教条的相信，以及伴随的危险。如果这些意义被怀疑，被检验和调查，那就会出现真正的判断。我们停下来思考，迟迟不作出结论，只是为了让推理更加全面。只有当整个过程都被接受，并通过检验，意义才能变成观念。观念是能够在令人费解的情境中解决问题的意义——意义是作为判断的工具。

<small>观点就是在判断中使用的推测</small>

让我们举个例子。如果有一种模糊的东西出现在不远处。我们就会存在疑问：那东西是什么？即那模糊不清的东西有什么意义？一个人晃动他的手臂，一个朋友向我们招手示意，这些都是可能性。如果马上接受其中一个暗示，就抑制了判断。但如果我们仅是把暗示当作一种假定，一种可能性，那么它就变成一种观念了，并具有以下几个特点。(1) 单纯作为一种暗示，它是一种推测，一种猜想，或者在更庄重的场合下，我们称之为一种"假设"或"推理"。这就是说，这是一种可能的但又存在疑问的解释模式。(2) 虽然存在疑问，但它还是有任务，即指导探索和调查。如果那个模糊不清的东西是一位朋友在招手示意，

<small>或者解释工具</small>

那么，通过细心观察就能看出某些别的特点。如果是一个人赶着难驾驭的牲口，那么，也会发现一些别的特点。我们可以看一看是否能发现那些特点。如果只把观念当作是疑问，那就不能进行调查。如果把观念当作是必然的事，那也会阻碍调查研究。如果把观念当作是存在疑问的可能性，那它就给探究提供了一个立足点，一个立场和一种方法。

假想　　如果不把观念当作研究事实，解决问题的工具，那么就不是真正的观念。假如希望学生理解"地球是圆的"的观念，这和教给学生圆形这一事实是不相同的。让学生看（或者提醒学生去回想）一个皮球或一架地球仪，并且告诉学生，地球就像这些东西一样是圆形的；然后，让学生日复一日地重复诵读这句话，直到在学生的头脑中把大地的形状和皮球的形状结合到一起为止。但是，学生并不因此就取得了大地是圆形的观念；学生至多可以用某种球形的意象，最终是同皮球的意象加以比拟，而得到大地的意象而已。要理解"地圆"这个观念，学生首先必须从观察事实中认清某些令人困惑不解的特点，然后向学生暗示地圆的观念，作为理解这些现象的可能的解释。例如，船体在海上消失以后，仍然可以看到桅杆的顶部，以及在月食中地球投影的形状，等等。只有用这种方法去解释资料，使资料有更充实的意义，"地圆"才能成为一种真正的观念。生动的意象并不等于观念；而一个短暂的、模糊的意象，如果它能激励和指导对于事实的观察和对事实之间关系的理解，那么它也能成为一种观念。

逻辑的观念就像一把可以打开锁的钥匙。将一条梭鱼同一条可被捕食的小鱼用玻璃隔开，梭鱼的头碰撞玻璃，直到搞得它确实筋疲力尽了，它也不能得到它的食物。动物的学习都是通过试验性的方法一样地漫无目标地乱碰，如此继续下去，直到取得成功。人类的学习如果不在观念的基础上进行，也会如此。就如同最聪明的低级动物的胡乱行为一样——我们可以用"瞎胡闹"这个词来形容这种行为，以观念自觉指导行动（即采用暗示的意义，以便用其进行试验），是唯一的选择，它既不是顽固偏犟的愚蠢行为，又不必依靠代价很高的教师——偶然性的试验——去获得知识。

> 想法给唯一的替换物以不定的方式

值得注意的是有许多形容智慧的字眼，暗示了隐匿的观念和不可捉摸的活动——甚至往往带

> 它们是间接攻击的方式

有道德行为不正的提示。比如这句话：爽快的（虚张声势的），诚恳的（猛烈的）人做事是正直的（含有愚笨的意思）。聪明的人是灵巧的（狡猾的），敏捷的（欺诈的），足智多谋的（诡计多端的），精巧的（阴险的），能干的（诡诈的），机灵的（狡猾的），有远见的（有野心的）——这些观念都含有另一层意思。所谓观念就是经过反思思维避免或克服障碍的方法，否则人们就只会用盲目的力量。但是，若习惯性地使用观念，观念就可能失去它的理智性质。当儿童初次学认猫、狗、房子、弹子、树、鞋或其他物体时，伴随某种程度的含混不清，此时具有直觉的、试验性的观念就参与进来，作为辨别的方法。这样一来，按照通常的惯例，事物和意义便完全融合在一起，就没有严格意义上的观念了，而只有机械的自动认识。另外，对于那些熟悉的已经认识了的事物，即使没有观念的参与，也能出现在一种异常的关系中，并引起问题；为了理解这个事物，则又需要观念的参与：如我们在画它们时会考虑形状、距离、大小和位置；这些形状从几何学的角度看还需要儿童运用智力的力量去形成观念。

三、分析和综合

通过判断，混乱的资料得到澄清，表面上支离破碎和互不联系的事实得以串联起来。这种澄清便是分析，这种连贯或形成整体便是综合。对我们来说，种种事物可以有特殊的感觉；它们可能使我们有某种难以表达的印象。这一物体可能被觉得是圆的（就是说，后来我们才能把这种表现的性质规定成"圆"）；一种行动可能是粗鲁的；然而这种印象，这种性质可能被融化，被吸收，混合在整个情境中。只有当我们在另外的情境中遇到困惑或难以理解的事物时，我们才需要利用原先情境的特点作为理解的工具。这样我们才能把那种特点分离出来，使之成为个别化的东西。只是因为我们需要说明某些新的物体的形状，或某些新的行动的道德性质，我们才把经验中的圆形或粗鲁的因素分离出来，使之成为显著的特点。如果选择出的因素能使经验中含糊的成分得到澄清，如果它把不确定的成分搞清楚了，那么它的意义也就确定了。在下一章中，我们还会遇到这个问题；这里，我们所说的只是同分析和综

> 判断整理思绪：分析

合有关的方面。

智力分析不同于物理分类

即使明确地叙述了智力的分析和物质的分析具有不同的作用，人们还总是把两者进行类比，好像不是在空间，而是在头脑中把整体分割成所有的组成部分一样。任何人都不能说出在头脑中把整体分割成部分意味着什么，于是，这个概念就引导人们进一步认为逻辑分析只是列举出可以想象到的全部性质和关系。这个概念对教育的影响很大。学校课程中的每一个学科都经过（或仍然停留在）所谓"解剖学的"或"形态学的"方法的阶段：在这个阶段中，把学科理解为由性质、形式、关系等的区别而组成，并且对每个区别的因素加上某种名称。在正常的发展中，当某些专门特点能使现时的困难得到澄清时，这些专门的特点才能被强调，并且得到个别化。只有在判断某些特别的情境时，才产生动机，运用分析强调某些因素或关系，具有特殊的重要意义。

在教育中误解的分析

早熟形成的影响

就如同把车放在马前一样，把结果放在过程的前面，这种现象在初等学校里也存在着，那里非常明显地流行着程序方法的公式。在发现过程中和反思思维过程中所使用的方法，同发现完成之后形成的方法，两者不是一回事。在真正的推

第八章 判断:对事实的解释

理活动中,思维的态度是寻求、搜查、预测和试探;结论一经得到,寻求就终止了。希腊人曾辩论过:"学习(或研究)怎样才是可能的?如果我们已经知道我们所要追求的东西,那么我们便不用再去学习或研究;如果我们不知道我们所要追求的东西,那么我们就不能去研究。"这种二难推论表明,真正的推理活动应当运用怀疑的探究,尝试的联想和实验。当我们获得结论之后,回想整个过程的各个步骤,看一看哪些是有帮助的,哪些是有害的,哪些是无用的,从而有助于迅速有效地应付未来的类似的问题。这样,组织思维的方法就建立起来了。(比较一下有关心理学和逻辑学的讨论)

人们普遍认为,学生必须从一开始就有意识地认识并明确地说明,在其取得结果的过程中所使用的合乎逻辑的方法,否则他就找不到方法,他的思维必然陷入混乱和无政府的状态。其实,这种认识是荒谬的。如果认为学生学习的时候伴有对某些程序形式(大纲、论题分析、标题目录和细目、统一的公式)的有意识的说明,学生的思维就得到维护和加强,这也是一种错误的观点。事实上,逻辑态度和习惯的逐步,主要是由于无

先于其形成前采取的方式

意识的发展是首先出现的。只有在无意识的和尝试的方法首先取得结果之后，才可能明确地显示出适合于达到目的的有意识的合乎逻辑的方法。这种有意识的明确显示出来的方法，检查其在特定场合下取得的成就，对于搞清楚新的类似事件是很有价值的。过早的强调已有的明确准则，反而妨碍学生以抽象和分析的手段找出那些最合乎逻辑的个人经验的特点。反复的使用，可以使方法具有明确性；一旦有了这种明确性，公式化的叙述方法自然就跟着出现。但是因为教师们觉得他们自己深刻理解的那些事物都是划分开来的，而且限定在轮廓鲜明的方式上，所以我们的学校中就充满了迷信，认为孩子们的学习应当以明确化的公式为开端。

判断揭示了事实的承载及意义：综合

既然人们认为分析是把整体拆开，那么就自然认为综合是把物质的碎片拼凑起来。如果这样想象，那就过于神秘了。事实上，我们掌握了事实同结论的关系或者原则同事实的关系时，便已经是综合了。当分析被强调时，综合也就出现了。一方是引出被强调的事实或特征，使其有明显的意义；另一方则把所选取出来的事实安置在它们的关系上，安置在有意义的联结上。事实同某些其他的意义连成一体，二者都增强了重要性。汞同铁和锡结合时，作为金属，所有这些物质便都具有了新的智力认识价值。每一个判断，只要它动用辨别力和鉴赏力把重要的和无价值的区别开来，把无关的细枝末节同关系结论的要点区别开来，便是分析的；每一个判断，只要在头脑中把选择出的事实安置到范围广泛的情境中，这便是综合。

那些自我标榜为唯一的分析和综合的教育方法（到目前为止，他们还是在自吹自擂）是同正常的判断活动背道而驰的。这样，就出现了争论。例如，地理教学应该是分析的还是综合的？综合的方法是先从学生已经熟悉的事物开始，教授地球表面的局部的、有限的一部分，然后逐渐扩大到邻近的地区（郡、国家、洲等等），直到获得整个地球的概念，或者，包括地球在内的太阳系的观念；分析的方法是从自然界的整体开始，从太阳系或地球开始，然后涉及它们的各个构成部分，直到获得学生自身所处的环境的观念。这里基本的概念是物质的整体和物质的部分。事实上，我们不能假定，孩子们已经熟悉的地球的一部分，在他们心中就是确定的东西，也不能把他们现有的观念作为实际的出发点。孩子现有的知识是不

分析和综合是相互关联的

完全的，也是模糊笼统的。因此，智力上的进步一定包含着对于环境的分析——强调具有重要意义的特点，使它们突出地显示出来。而且，学生自己所处的地区也不是截然划分开来，不是有着固定的界线能加以测量的。学生对于环境的经验，已经包含了作为他观察到的事物的部分，如太阳、月亮、星星等的经验；也包含了每当他活动时，地平线也随着变化的经验。总之，他的很有限的和本地区的经验，也包含了比他自己想象的街道和村庄范围更远的一些因素，包含了同更大的整体的联结和关系。但是，对这些关系的理解是不充分的、含糊的、不正确的。他必须规定本地区环境的性质，必须澄清和扩大他所属的更大的地理范围的概念。同时，他对更大范围的情景有所理解时，他对本地区环境中的许多最普通的特征也可以理解了。分析导向综合，综合改善分析。当学生增长了对更复杂的地球的理解时，他也就能更确切地了解他所熟悉的所处地区的那些详细的意义。把需要强调的特性挑选出来，并且通过与整体的关系加以解释，这种情形在正常的反思思维中总是相互影响的。所以，试图把分析与综合看作是彼此对立的观点是愚蠢的。

第九章 意义：或概念和理解

一、智力活动中的意义

我们在讨论判断的时候，已经详尽地说明了涉及推理的因素，所以在讨论意义的时候，我们只集中讨论存在于所有推理中的核心功能。一则是它的意义、象征、暗示，一则是我们一开始说的思维的本质特征。找出事实所具有的意义，这就是发现；找出事实支撑和证明这个意义，这就是检验。当推理导出一个令人满意的结论，我们就达到了意义的目的。判断这个行为涉及意义的成长和意义的应用。简言之，这一章节我们没有新的论题；我们只近距离地观察到目前为止一直在讨论的假设。在第一部分，我们将考虑意义和理解是同等的，以及理解的两个类型，直接理解和间接理解。

意义是集中的

（一）意义和理解

要理解就要抓住大意

如果一个人突然走进你的房间，并喊道"paper"，这有多种可能性。如果你不懂英语，那这声叫喊对你来说只是起不到任何刺激的噪音。但这个噪音不是思维对象，它不具备思维价值。说你不懂和说这毫无意义是一样的。如果这声叫喊是每日早报投递的信号，那么这个声音就有意义、有思维内容了；你就会理解了。或者你正在焦急地等待一个重要的文件，你会假设这声叫喊是通知你，你要的文件到了。如果你懂英语（第三种情况），但根据你的习惯和预期没有任何语境让你联想到这个词的意思，这种情况下这个词有意义，但不表示全部。然后你开始疑惑并引发思考，为这个表面上毫无意义的事件寻找一个合理的解释。如果你发现什么可以解释这个现象，那它就有意义了；你就明白它的意思了。作为会思考的人类，我们总是假想意义的存在，并认为没有意义是不正常的。因此，如果结果证明有人只是想告诉你人行道上有碎纸片或宇宙中某个地方有纸片，你肯定会认为是他疯了，或自己被愚弄了。这样看来掌握意义，理解、识别一个东西在某个场合的重要性，它们是一样的概念；它们反映了我们思维世界的敏感。缺少它们就会（1）缺少思维内容，或（2）思维混乱或困惑，或（3）思维反常——胡言乱语，精神错乱。

因此，所有的知识，所有的科学都试图掌握万事万物的意义。这个过程包括将事物从本身表面孤立的情况下拿出来，找到它们作为某个整体的一部分存在的可能性，转而用这个整体来诠释事物；即赋予它意义。假设发现一块标记着奇怪记号的石头。那么这些痕迹有什么意义呢？就物体引发的这个问题而言，我们不明白它的意义；但就颜色和形状而言，我们知道这是石头，我们知道这个物体是什么。理解与不理解纵横交织，由此引发我们思考。如果在调查的最后，人们发现标记是冰川作用产生的刮痕，那这些奇怪的让人迷惑的特征也就能被理解了：那就是，体积庞大的冰块的运动和摩擦力使一块石头作用于另一块石头。在一种情形下已知的理解被转移应用到另一个让人迷惑的情形，相应的后者变得简单、熟悉、被理解了。这个例证表明，我们有效思考的能力是依据大量已知信息。

知识和意义

（二）直接理解和间接理解

直接和迂回的理解

在上面例证中举了两个掌握意义的方法。懂英语的时候，这个人马上理解了"paper"的含义。但是他没有从总体上看到或感知到任何意义。同样，这个人肉眼上识别出了这个物体是石头；这不是秘密，也不神奇，一目了然。但是他不知道石头上面标记的意义。那么它们有什么意义呢？一种情况，由于已知的认识，人们对物体及其意义有一定的了解。另一种情况，物体及其意义，至少暂时是分开的，为了理解该事物就要去探寻它的意义。一种情况下理解是直接迅速的；另一种情况理解是间接和迟缓的。

两种类型的相互作用

大部分语言都有两个词汇来表示这两种理解：一种是直接掌握，另一种是间接理解，因此：希腊语中有 Υνῶναι 和 ειδεναι；拉丁语中有 noscere 和 scire；德语中有 kennen 和 wissen；法语中有 connaifre 和 savoir；英语中有 acquainted with 和 know of or about。我们的思维世界就由这两种理解交织而成。所有判断，反射推理和预先假定都缺乏理解。为了能掌握全部有效的信息，我们进行思考。然而，有些事情一定是已知的，大脑已

第九章 意义：或概念和理解

经掌握了一些信息，否则思考就无从说起。为了掌握信息我们思考，然而每次知识的扩展都会使我们认识到盲点和难点，知识相对较少显得很正常很自然。一旦科学进入新的领域，人们就会发现许多并不理解的事物，而土著的野蛮人或乡下人，对于直接的范围之外的事物的任何意义都感到茫然。某些印第安人进入大城市，看到桥梁、轨电车和电话，会呆头呆脑无动于衷，但看到工人爬上电线杆修理电线却会惊奇着迷。意义的积累增加，使我们对新的问题的认识更自觉，而只有把那些新的疑难问题转化为熟悉和明白的问题，我们才能理解或解决这些问题。这便是知识的不断盘旋上升的运动。

我们真正知识的进步，部分是由于在先前认为清楚、明白和理所当然的那些事物中发现了不理解的东西，部分是由于使用直接理解到的意义作为工具或手段，去理解那些尚不清楚的和可疑的意义。任何熟悉的、明显的、平凡的事物，只要处在新的情境中，就会出现某些问题，并且为了理解这些问题而引起反思思维。任何事物或原则，不论多么奇怪，特殊或遥远，只要熟悉了它们的意义，就可以详细说明其意义——没有反思

> 节奏过渡的过程

思维，也能一看就理解。我们可以懂得、领会、认识、理解和明了种种原则、规律和抽象真理——即是说，理解它们当前流行的意义。如前所述，直接的理解称之为直接理解，而非直接的理解称为间接理解，智力的进步就在于直接理解和间接理解的有规律的循环运动。

二、获得意义的过程

熟悉度　　同直接理解有关的第一个问题是，直接认识意义的累积是如何建立起来的。为何我们看到一些事物（比如一种情境的重要部分或一种存在）就能立刻知道它们的特殊意义，并认为这是理所当然的？回答这个问题的主要困难在于对一些熟悉的事物已经了解得十分透彻。思维对于未探测过的领域很容易测定，而比较起来，对于已经彻底探测过的，成为根深蒂固的不自觉的习惯的事物反而难以理解。我们能迅速地直接地理解椅子、桌子、书籍、树木、云朵、星星和雨等。而当这些事物过去一度曾是单纯的未被感知的事物时，我们却很难认识它们——而现在这些意义已成为它们的一部分。

第九章 意义：或概念和理解

詹姆斯有一段话经常被人引用。他说："婴儿同时受到眼睛、耳朵、鼻子、皮肤和内脏的刺激，他感觉到这一切全是一种巨大的、旺盛的、乱嗡嗡的混乱。"詹姆斯说的是儿童将世界当作一个整体；然而一个成年人遇到新的事物，只要这个事物足够新奇，那么詹姆斯的说法也同样适用于成年人。俗话说："猫在奇怪的阁楼里。"任何事物都是混乱不清的；通常并没有什么标签能把种种事物区分开来。我们若不懂外语，那外语在我们听来总是含混不清的，我们也很难辨别声音的个别组合。乡下人走在拥挤的城市街道上，外行的水手航行在海上，一位新手在复杂的运动项目中同老手比赛等等，都是例证。没有经验的人初进工厂，对他来说，似乎一切都是没有意义的混合体。在一般人看来，所有异族的陌生人同来访的外国人的长相都一样。在门外汉看来，只能察觉肉眼可以看到的大小和颜色的不同，而牧羊人却能清楚地分辨出每只羊的特征。茫茫的一片模糊和杂乱不清的变化，就是我们尚未理解的特征。要使事物获得意义（或者换另一种说法），形成简单的理解的习惯，那就要使模糊和摇摆不定的问题在意义上能够达到：（1）明确或区分；（2）一

> 混乱先于熟悉度

我们如何思维

贯，一致，定型或稳定。

<small>实际的反应使混乱明晰</small>　获得意义的明确性和一贯性，主要是从实际行动中得到的。儿童把一件东西滚动了，便觉察到这件东西是圆的；把它弹一下，它回弹回来，儿童便知道了弹力；把它举起来，儿童知道重量是它的显著因素。一种印象，其特点能够与各种不同反应引起的种种特性区别开来，不是由于感觉，而是靠反应的活动来调正。例如，儿童对不同颜色的理解通常是相当迟缓的。对成年人来说，颜色的不同是十分显著的。对儿童来说，认识或回忆颜色的差别却有很大的困难。毫无疑问，儿童也并不会感觉到颜色全是一样的。但是，他们对这种不同却没有理性的认识。红、绿、蓝的物体，并不能引起特殊意义的反应，以致能将它们从颜色的性质中突出地区分出来。然而，某些具有特色的日常的反应活动逐渐地同某些事物联合在一起：白色变成了牛奶和糖的符号，儿童的反应是喜欢吃；蓝色变成了一件衣服的符号，儿童的反应是喜欢穿，如此等等。明显的反应活动能从事物所包含的种种性质中，把颜色单独地分辨出来。

再举个例子。辨认耙子、锄头、犁、锨、铲

第九章 意义：或概念和理解

等，我们几乎没有什么困难。它们每一件都有自己的特殊用途和功能。然而，一位学植物学的学生在分辨叶片的形状和边缘时，却对识别锯齿形、卵圆形和倒卵球形的叶片存在很大困难；或者，一位学化学的学生，在各种酸类中分辨"酸性的"和"亚酸的"有很大的困难。差别是存在的，但是差别是什么？或者学生知道有差别，怎样一一指出它们的差别呢？与我们一般的想法相反，特点和意义的辨别，在事物的形状、大小、颜色和结构上的多样性上需要做得很少，而在事物的用途、目的、功能和它们的关系上所要做的却多得多。形状、大小、颜色等等事实，对我们现时来说是非常显著的，所以往往把我们引到错路上去，而不去考察那些问题，确切地说明它们原先得到确定性和明显性的原因。只要我们被动地处于事物之前，那些事物不会从模糊的整体上区分出来。声音的高低和强弱给人们带来不同的感觉，但是，除非我们对它们采取不同的态度，或者作出某些特殊的推理，否则，它们的模糊的不同就不能从智力上被掌握和记住。

我们通过用途或功能来识别

儿童的绘画为同样的原则提供了进一步的例证。对儿童来说，并不存在透视画法，儿童的兴

儿童画作阐释了价值的支配

趣不在于绘画的表现,而在于事物所代表的价值;绘画表现的基本要求是透视法,而与事物本身的特征与功用毫无关系。绘画中的房屋,墙是透明的,因为里边的房间、椅子、床、人等重要事物代表着房屋的意义;烟囱里总是往外冒烟——否则,为什么要用烟囱呢?圣诞节时,画面上的长袜可以画得几乎和房屋一样大,甚至可以画得比房屋还要大,使袜子伸出房屋以外——这是一种使用价值的尺度,袜子的用途提供了它的性质的尺度。绘画是这种价值的图解式的体现,而不是物质的和感觉性质的公平无私的记录。大多数学习绘画艺术的人所感到的主要因素之一,是日常的用途和用途的结果已经在人们的内心中被解释为事物的特征,实际上已不可能随意地把它们排除在外。

行动发声就如同语言做手势　　通过声音而获得意义,并由此而变成文字,这也许是最明显的例证。从中可以看出单纯的感觉刺激怎样获得意义的确定性和持久性,并且相互联系,以便于认识。语言是一个非常好的例子,因为有几百几千个词,它们的意义已经和物质的特性彻底地联结在一起,人们能够直接地加以理解。就物质的对象而言,像椅子、桌子、纽扣、树木、石头、山丘、花朵等，它们在智力上的意义同物质的事实似乎是统一的，本来如此的。而就文字而言，事物和意义的联结则要靠逐渐地辛苦努力才能获得，才能比较容易地去认识它们。物质的对象的意义似乎是自发地给予我们的，而不是通过行动的探索而获得的。但就文字的意义而言，我们不难看到，它是通过发出的声音并指出随之而来的结果，通过听别人发出的声音并观察随之而来的行动，最后才使这种特定的声音具有稳定的意义。

对意义的类似认识使我们在面对物体时能确切地作出反应，在没有反思思维的前提下也能预见可能的结果。我们做出的明确的预见就明确了意义，避免了含混不清；这个习惯性的一再重复的特征就赋予了意义确定性、连贯性和稳定性。

<small>摘要</small>

三、概念和意义

"意义"是一个耳熟能详的词汇；概念和想法这两个词汇也同样是被广泛使用的专业术语。严格来说，它们不涉及新的内容；意义被直接地分类掌握并使用，然后以一个词命名这个意义，这

<small>一项定义就是一个确定的意义</small>

就是所谓的概念。从语言学角度说，每一个普通的名词都承载着一个意义，当专有名词和普通名词前面加上"这"和"那"限定时，特指那些有意义的事物。思考采纳了这个概念，并将其扩大。因此我们可以说在推理和判断的过程中我们使用了意义，并使我们正确地认识了事物，扩大了见识。

<small>这就是标准化</small>

人们会经常讨论一个实际不存在的事物，但仍然能够得出对这个事物的理解。同一个人在不同的时间会经常提到这个事物或这类事物。这些感官经历、物理条件、心理条件，虽然各有不同，但相同的意义被保留下来。如果我们在使用磅和英尺称重和测量长度的时候，它们被任意改变，那我们就无法称重和测量。同样的，如果面对不同的人，意义不能保持稳定和恒定，这就是我们的智力定位问题。

<small>借助于它，我们定义未知事物</small>

提到概念的重要性之后，我们可以这样总结一下：概念或标准的意义是：（1）鉴别的工具；（2）补充的工具；（3）把一种事物纳入一种体系的工具。假如我们在天空中发现了一个从前从未见过的光束，除非借助于大量的意义去进行推理，否则，对于感觉来说那就只不过是一个光束。所

第九章　意义：或概念和理解

有一切导致的,也可能仅仅是一个刺激视神经的过程。由于以前的经验获得的含义,这束光就有了合理的解释。这是否显示了小行星或彗星,或一个新形成的太阳,或宇宙碰撞、解体造成的一些星云?所有这些解释有其自己的具体的和有区别的特点,然后对其进行细微和持续的探究。其结果是,这一束光确定为彗星。通过一个标准的含义,它得到确认和稳定的特点。然后产生了补充认识。所有已知彗星的特性都在这个特定的事物上得到解释,即使它们尚未被观察。所有的天文学家过去了解到的彗星的路径和结构,都可用来解释这束光。最后,这个彗星本身的含义不是孤立的;它是整个天文知识系统的一种相关的部分。太阳、行星、卫星、星云、彗星、流星、恒星、尘埃所有这些概念都有一定的相互的参照和作用。当这一束光被确定为彗星,它就成为这个庞大的知识王国的正式成员。

并补充容易感知的现在

使事情系统化

达尔文在自传中说,在青年时代,他告诉地质学家西奇威克,自己在一个砂石坑里找到一个热带贝壳。于是西奇威克说,它肯定是被什么人扔在那儿的,又说:"但是,如果真的是埋在那儿,这将是地质学最大的不幸,因为它将推翻一

知识体系的重要性

切我们了解的英格兰中部县的地表储藏"——自冰河时代起。然后达尔文说:"当时我感到很惊讶,西奇威克看到如此美妙的热带贝壳竟然不兴奋。没有什么更让我清楚地意识到,一个热带贝壳正在英格兰附近被发现。没有什么让我彻底认识到,科学的意义在于收集事实,并从中得出一般规律或结论。"这一事例(当然,这可能在任何其他学科上也会发生)表明科学的观察使得其理论系统化倾向明显,并使用所有的概念。

四、什么不是概念

一个概念就是一个含义,提供了确定和分类的一个标准规则,这与现今的一些对其性质的误解不同。

定义不是裸露的残留物

1. 概念不是从众多不同事物中得来的,去除事物间不同的特性,保留一致的特性。有时人们说,概念的起源跟孩子开始接触许多不同的东西差不多,比如说狗,他自己的叫菲多,他邻居的叫蒙特卡洛,他表妹的叫托雷。在所有这些不同的狗面前,他分析到许多不同的特点,如(1)颜色,(2)尺寸,(3)形状,(4)腿数,(5)头发

第九章 意义：或概念和理解

数量和质量，（6）消化器官等；然后去除所有不同的特点（如颜色、大小、形状、头发），保留相同特性，如四足动物，家养的，这是共性。

事实上，孩子从他已经看到、听到的和一起玩过的任何狗上得出一些意义。他发现，他可以利用过去一个经验，对后来的经历，作一个期望性的判断，即某些特征的行为模式——可在这些行为表现之前就作出判断。只要有线索和提示，他就会作出预判；无论对象的暗示如何。这样他就会把猫叫作小狗，或把马叫作大狗。随着发现其他的特征及行为模式并不符合，他就得丢弃"狗"的含义的某些特征，而是选择并强调其他一些特征。进一步将这一含义运用到其他狗身上时，"狗"的意义进一步确定、明确。他不是从不同的物体中得出共同点的；他是将以往经验中任何能够帮助理解的东西都运用到新的经历上。这个不断假设和实验的过程，会由结果去验证或否定，他的概念就实在而明确。

而是一种积极的态度

2. 类似的，概念很通用，是因为应用很广泛，而不是因为其构成。一个对概念的不合常规的观点就是，它是由对一系列事物的分解而得到的。目前来说，当我们获得一个意义，它就能够成为

由于其用途，它具有通用性

143

理解其他事物的基础。这样,一个含义就外延到其他上。通用性是源于广泛地运用,而非构成部分。对大量事物的特性的收集只是简单的聚合,并不是通用的概念;在一件特定事情上获得的经验,可以帮助解决其他事情,从而变得通用起来。综合分析不是指机械地增加量,而是要能将一事物中学到的东西应用到其他事物中去。

五、含义的定义及组织

确定性对模糊性

　　一个不具备认知能力的人就不会产生错误的认识。但是通过推理解释获取知识的人就很容易产生错误理解,错误认识,或错误的行为。误解和错误的主要原因在于含义的不确定性。意义模糊就使我们误解他人;通过我们扭曲或模糊的含义,我们是在有意识地制造废话;错误的含义如果足够明确,同样能加以避免。但是模糊的意义不能提供解释,也不能给其他观点以支持。它们是无法检验和不负责任的。模糊的概念将不同的事情混杂在一起,无法形成准确的含义,无法避

抽象的意义是内涵

免意义不明之处。这是逻辑的最原始的错误。完全避免也不可能;我们只能在范围和程度上有所

第九章 意义：或概念和理解

降低。要做到意义明确，一个含义必须是独立存在的，完善而透明的。这样的含义的技术性称谓叫作内涵。达到这一语意单位的过程叫作定义。人、河、种子、诚实、首都、最高法院等词语的含义都表明了各自所含的特点。检验一个含义的确切与否，就要看它能否明确表示一组具有相同特征的东西，并与其他事物区分开来。比如"河"这一含义就能代表劳恩河、莱茵河、密西西比河、哈德孙河、沃巴什河等，尽管它们地点长度水质不同；而不能用来表示洋流、池塘或小溪。这样的表示一组物体存在的特征组成了含义的外延。

<small>在其用途中它是延伸</small>

　　定义就产生了内涵；而对一组相同事物的分类便产生了该含义的外延。定义对应于内涵，分类对应于外延，这两组是相互联系的。内涵确定了个体的不同；外延是用来区别一组词的。一个含义的外延看起来是虚而不实的；而各个事物的内涵是狭义而又孤立的，不能准确地从所在组区分开来。所以只有将内涵和外延考虑到一起，加以互补，才能既明确个体事物的准确含义，又能清楚哪组事物具有同一抽象特征。这样，既明确了个体，又组合成一类。科学的重点就在于这两点的互为存在上，这就区别了仅仅是由模糊概念

<small>定义与分类</small>

构成却不知相互之间如何联系的看法。

定义有三个类别，即指示性的、说明性的和科学性的。第一个和第三个是逻辑上非常重要的；而第二个在社会与教育上非常重要，并起到连接第一和第三类型的中介作用。

<small>我们通过挑选来定义</small>

1. 指示性的。一个盲人是无法真正弄明白红色和彩色之间的分别的。看得见的人却能够明白颜色指定的含义。所以指示的含义在于对具体事物认知的亲身感受。所有的感官词汇都是指示性的，像声音、味道、色彩，还有情感和道德及品质方面的词汇，像诚实、同情、憎恨、惧怕等都需要第一手的感觉为基础。所以教育改革家在反对纯语言纯书本授课时，就说是因为缺乏第一手的体验。任何一个新事物或旧知识的新发现都需要有第一手的感觉基础。

<small>也通过结合已经更确定的</small>

2. 说明性的。具备了一定的明确的指示性的知识积累后，语言就形成了抽象思维的能力。这样介于绿色与蓝色的颜色尽管没见过，也可以加以想象；如要给老虎定义的话（让它变得更明确），便可以用一些猫科动物的特征，并结合其他物种的大小及重量特征来说明。例证说明性质的；而且字典里的定义都是说明性的。选取已知的意

第九章 意义：或概念和理解

义和相关的含义，以及同一类别的特征都可以用来说明。但这些定义都是二手的间接的；有可能会出现摒弃直接获取第一手资料的努力，而是接受权威观点的危险。

3. 科学性的。通常的对事物的认知和分类并不能保证在智力上是有益的，尽管它们在社会实际生活中用处很大。将鲸看作鱼类并不妨碍一个人成为成功的捕鲸人，或是一个人对它的辨认。但是如果知道鲸是哺乳类动物，那在科学认识这一物种，以及将其正确分类上便十分重要。流行的分类是选取明显的特征。而科学的分类是依据分类后的对结果、推论及生产的帮助。日常分类并不能帮助理解原因或根本道理，而科学分类能找出一定的理由。日常分类只能找出一般的特征来描述事实，科学分类却能找出区别的要点，并解释具有相同性质的一组物体。

> 还有通过发现产生的方式

如果一个具有相当实践经验的门外汉被问到如何理解金属时，回答可能是金属实用的品质：（1）如何辨别；（2）如何锻造。在对金属定义时就会有光滑、坚硬、有光泽、密度大等特性，这是我们能够看见和触摸的；而锻造的特性就包括其延展性好，加热熔化，遇冷变硬，所以可以改

> 对比因果性与描述性定义

> 科学是最完美的知识类型，因为它使用了因果关系的定义

变和恢复形状，还可抗压、抗腐蚀。而科学概念在使用特征之外，还依靠另一不同的定义。给金属作出的科学定义便是：在与氧气结合后的产物，可与酸形成盐类的物质。这个科学的定义不以直接观察的特性为依据，而是以与其他物质间的联系为基础的；即显示出一种关系。化学表明物质之间相互作用形成新物质的关系；物理表明物理相互作用的关系；数学表明数的功能及群阶的关系；生物表明物种的变异及与环境的关系；这些都是科学的范畴。简而言之，我们的概念所包含的最多的个体特征和共性，显示了其相互之间的影响，而非仅仅表达物体的静态特性。最理想的科学概念就是获得概念的灵活自由性，可以相互转化；这就取决于它们在多大程度上相互联系，以及在不断变化的过程中的动态关联——这一原则便是发展或进步的具有远见的模式。

第十章　具象思维和抽象思维

老师下过的命令——"由具象到抽象",尽管我们熟知,却未必理解。很少有人在读过或听过这句话后对具象这一出发点有一个清晰的概念;理解抽象这一目标的性质;以及从一端向另一端所走的路的准确性质。有时这个命令的用意是积极的,用来表明教育应该前进的方向,从事例到思想——好像任何不带思考的处理事情的过程都可能是有教育意义的。这样理解,这句箴言所倡导的教育标杆是低级的学术和机械程式或感官反应未应用在高端学习。

名义上,所有事情的处理,甚至是孩子对事情的处理,都是充满着推理的;事情由他们的建议引起,被得出的推论所包围,结论对解释该事物是一种强有力的证据,或成为证明某个观点的

具体和抽象的错误观念

重要论据。没有思想的指示也不可能具有教育意义；没有判断感官理解的依据也是一样。如果我们最终取得的抽象的思想游离于事物之外，那么得到的目标只是形式上的，空洞的，因为有效的思维总是或多或少与事例相关。

再一次直接和间接的理解

以上原则在理解补充之后便有了一个含义——表达了逻辑能力发展的脉络。它有何重要意义？具体的现象表明的这种意义明显区别于其他的意义，以便它本身容易被理解。当我们听到这些词，桌子、椅子、炉子、大衣，我们不必思考就知道其意思。这些词清楚地表明其含义所以无须解释。然而，一些词和事物只有先想想其他更熟悉的事物，然后找到两者的联系，找出理解的盲点在哪，最后才能知晓。大致来说，前一种意义是具体的；后一种意义是抽象的。

熟悉什么是智力上的具体形式

对一个非常熟悉物理化学的人来说，原子和分子就相当具体。运用它们根本无须思考其含义。但是对于一个外行或科学的新手来说，他们不得不先回忆一下较为熟悉的内容，然后进行缓慢的理解过程；如果熟悉的事物及由此过渡到陌生事物的线索思维中断的话，原子和分子便很容易丢失难得的含义。同样，不同点也可以从专业性术

第十章 具象思维和抽象思维

语上看出来：代数中的系数和指数，几何中的三角和直角，这些词都与日常含义有别；以及政治经济学中的资本和价格等等。

以上所说的不同纯粹只和个人智力发展有关；一个时期抽象的物体在另一个阶段可能就是具体的；或者相反，有人会发现完全熟悉的事情涉及陌生的因素及未解决的问题。尽管如此，依靠整体判断熟悉的和不熟悉的范畴，还是有一条区别抽象与具体的比较恒定的分界线。这些界限主要是由实际生活的需要所决定的。诸如木棍和石头、肉和马铃薯、房屋和树木等事物都是生活中不可或缺的恒常元素，其重要意义在于为其他事物尽快熟悉，并与其他事物永存。当某个事物与我们有关（或者是我们所熟悉的事物），我们便会熟悉它，甚至会熟悉它陌生而且未曾预料的方面。由于社会交往的必要，成年人便不断补充着对税、选举、工资、法律等术语的具体理解。那些我们不能立刻明白的东西，像厨具、木工工具、编织工具，也会毫不犹豫地归于具体一类，因为它们与我们的普通社会生活息息相关。

> 实际的事情是熟悉的

相对而言，抽象的是理论的，或者不与实际行为紧密相连的。抽象的思想者（正如通常所叫的纯科学工作者）有意从生活的实际应用中抽象出来；也就是说，他根本不考虑实际用途。然而这种考虑是消极的看法。去除了与实际应用的联系之后，还剩下什么呢？很明显只剩下与思考的内容本身相关的目标了。很多的科学观点是抽象的，不仅是因为尽管在该科学中长期学习后仍无法理解（这与艺术中的技巧问题是一样的），还因为它们的全部意义的形成就是为了促进更多知识，达到探索和推断这一纯粹的目的。当思考用于一个超越自身的更好的目标时，它才是具体的；当它仅是作为纯粹思考的手段，它就是抽象的。对于一个理论家来说，一个想法是足够的完整的，仅仅是因为想法本身；对于医生、工程师、艺术家、商人、政治家，想法只有给生活带来好处它才是完整的——健康、财富、美貌、善良、成功，或者你想要的东西。

理论上或在智力上严格的是抽象的

对理论的轻蔑

普通情况下对大多数人来说，生活中的实际需要几乎是紧迫的。他们的主要事务是合理指导他们的行为。任何只能够带来思考范围的东西都是无效而遥远的——几乎是虚假的。所以现实的成功的执行官对"纯粹的理论家"心怀蔑视；所以尽管理论家的想法认为有些事情在理论上是非

第十章 具象思维和抽象思维

常完美的,但是实际上却不适用;总体来说,实干家在使用抽象的、理论的、思维的这些词语时,总有一种蔑视的口气,与脑子聪明是有区别的。

当然,这种态度在特定的情况是合理的。但是从常识或实际中得知,理论的贬低并不能包含所有的事实。即使是从常识的角度来说,某个事物因其"太朴实",人们只专注了其即刻的现实情况,以至于看不到它的未来,或者说如同切断了支撑它的枝干。关键是要找到一个界限,一个度,作出调整,而不是绝对分离。真正实际的人会自由地思考一件事,却不会死钻牛角尖,以获得最大的益处;完全投入事物的实际应用只会封闭自己的视野,并在将来毁掉自己。用短绳将我们的思想束缚到实际用途这根柱子上,并不能带来好处。行动的力量需要一些远见和想象力。人们至少要拥有对思考的兴趣,至少能够摆脱陈规陋俗的束缚。对知识本身的兴趣,即思考本身成为一种游戏,是解放实际生活并使之丰富进步的必备条件。

> 但理论却高度实际

1. 因为具象表明思考将运用于一切活动,以求有效地解决展现出的实际问题,"从具象开始"意味着我们需从一开始就行动;尤其要运用那些

> 开始于具体意义,开始于实际操作

153

并非惯例或机械的措施,由此需要聪明的选择和方法内容的调整。当我们仅仅增加感触或收集物理事实时,我们并没有"听从自然的命令"。对数字的教学,不是仅仅因为使用了木板、豆子或点等手段就变得具象起来,只要清楚认识数字关系的使用和特性,只要使用数字,数字的概念就是具象的。正如在一些时候一定的物体被用来代表——不论是木块、线条,或者数字——一定的事物。如果在教授数字或地理或其他东西时,使用实物并不能让学习者认清实体之外的意义的话,那么这样的教学跟直接给出定义和定律的方法一样抽象;因为它只会转移学生对概念的理解,而只是觉得事物好玩。

带有明显隔离的具体混乱　　这样一个观点,即只需将实体放在学生眼前感知一下,就能在大脑中留下一定的概念思想,是一种迷信。将实物课程引入思考训练比起之前的纯语言教学要进步很多,但这个进步也会误导教学者,最后的事实只能是一知半解的应用。事实上,对事物的感知能够发展孩子的思维,但前提是他们能够在自身的活动范围中应用实物。合适的不间断的活动和任务能让他们使用自然资源、工具和各种能力,并促使大脑思考它们意味着什么，它们是如何相互联系的，以及如何实现目标；而独立存在的事物只能是无用的和僵死的。几代人以前，基础教育改革的最大障碍在于对语言形式（包括数字）的一味的迷信，并据此去训练思维；今天，对实物的迷信阻碍着改革的道路。"较好"就经常成为我们寻找"最好"的障碍。

2. 对结果的兴趣，对成功完成一个活动的兴趣，应当逐渐转移到研究事物的智力目标上来——特性、结果、结构、原因和效果。在工作中的职业成年人很少有时间和精力——在立即行动需要之外的——去学习自己从事的事业。应该如此安排儿童时期的教育活动：安排直接感兴趣的活动以及提供创造成果的注意事项，创造出与原来活动越来越多的间接和远程连接的需求。在木工和车间工作的直接兴趣应逐步转化为对几何和机械问题的兴趣。做饭的兴趣应滋生对化学实验、生理学和成长健康的兴趣。制作图画的兴趣应该过渡到对雕塑技巧及美的欣赏等兴趣。这一发展才是"由具象到抽象"的重要含义；它代表了这一过程中动态的真正的教育因素。

将兴趣转移到智力活动

3. 结果，教育所达到的抽象，是对智力问题本身的兴趣，乐于为思考而思考。开始的行动和

思考活动愉悦的发展

过程需借助其他事作准备的这一情况已经是老生常谈了，并发展成了具有自身吸引力的价值。因此它是与思考与知识相关的；起初依附于自身之外的结果和调整，渐渐吸引了越来越多的注意力而从途径成为目的本身。这样，孩子就把兴趣渐渐地毫不困难地运用到反思性观察和检验，并成功完成了感兴趣的事情。这样就可以大幅度增长和扩大产生的思考，最终这种思考习惯变得非常重要。

转换的例子　　第六章举的三种情况代表了由实际到理论的循环上升。为了履行约定而进行的思考显然是一个具体的例子。想要弄明白船体一部分的意义显然是中间情形。杆子存在的理由和位置是实际性的，对于建筑设计者而言便是完全具象的——为了保证一系列的活动。但对于船上的乘客而言，这个问题就是理论的，带有或多或少的猜测。不论他得出杆子的用途与否，对他抵达目的地都没有影响。第三个例子，起跑的出现和运动，显示的是严格的理论或抽象问题。没有解决实际困难的危险，也没有调整外部条件达成目的的必要。好奇心，求知欲，被反常的情形所困惑；思考仅仅是尝试解释普遍公理的例外。

第十章 具象思维和抽象思维

(1) 抽象思考，应该注意到，代表了一个目标，但不是终极目标。远程持续思考距离直接使用还有一段差距，是实际和直接思维模式的衍生品，但不能是替代品。教育的目标不是毁掉思考的能力，跳过障碍，调整途径和目标；也不是由抽象思考来代替。理论思考也并不是比实际思考更高一级。掌握两种思考形式的人比只懂一种的要高明。发展抽象思维能力的方法若减弱了实际和具体的思维习惯，就不算实现教育的理想，如同在培养计划、发明、安排、预测的能力时，忽略了与实际结果无关的思考的乐趣一样失败。

> 理论知识从未停止

(2) 教育者应该注意到个人之间存在的不同；他们不能将一种模式和类型强加给所有学生。很多学生（可能是大部分）的实际执行倾向占据主要的目标导向，其思维习惯是想完成任务取得成绩，而不是仅为知道而已。工程师、律师、医生、商人在成人中比学者、科学家和哲学家的数量要多得多。当然教育应当使人都具有学者、科学家和哲学家的精神，不论他们的职业兴趣和目的如何。但却没有道理认为一种思维习惯就比另一种优越，也没理由强制地将实际型的转变为理论型的。我们的学校不正是单方面倾向更加抽象的思

> 大多数小学生并不是一个思维模式

考,因此给大部分学生带来不公了吗?难道不是由于缺乏"不拘一格"和"仁爱"的教育,才培育出了过于专门化的技术类思想家吗?

教育的目标在于有效的平衡

教育的目标应该保证两种思考态度的平衡融合,并充分考虑到个人的性格,不能阻碍和限制他自身所具有的强大力量。对个人强烈的具体爱好或天分的限制应当放宽。应该抓住每一个能够发展对智力问题产生好奇和兴趣的实际的活动。不能依靠暴力来抑制自然性情。对于那些对抽象的纯粹的智力问题非常有兴趣的少数人来说,应该努力去增加应用思想的机会和需要;将象征性的真理运用到社会生活的目标中去。每一个人都有这两种能力,如果这两种能力能够紧密地联系起来,那么每个人的生活都会更有效更快乐。

第十一章　经验思维和科学思维

一、经验思维

事实上，在我们平常的很多推论中，凡是那些没有在科学方法指导下进行的推论，性质都属于经验，这就是说，它们实际上是在同过去经验有某些固定的结合或相吻合的基础上形成的期望的习惯。凡是两件事总是联系在一起时，比如雷声和闪电，就思维而言总有这样的倾向，即闪电过后，我们总期待着雷声的到来。当这种联结经常不断地重复时，那种期望的倾向就变成了一种确定的信念，认为这些事情紧密相连，那么就可以很有把握地推论，当一件事情发生后，另一件事情一定或几乎一定会相伴而来。比如 A 说："明天大概要下雨。"B 问："你怎么知道呢？"A 回答："因为太阳落山时天空昏暗。"那么 B 又问："这和

> 经验主义思维依靠过去的经验

明天下雨有什么关系呢?" A 回答:"我不知道。但是通常在日落时天空昏暗,以后总要下雨。" A 不知道天空的迹象和雨的到来之间的任何客观的联系;他也不知道这些事实本身的任何连续性——像我们经常所说的那样,他不懂得任何定律和原则。他从两件事情经常连续发生,便把二者联结在一起,这样,当他看见其中一种现象时,就会想到另一种现象。一个暗示了另一个,或者由一个联想到另一个。一个人可能会以为明天要下雨,因为他查看过晴雨表;但是如果他没有水银柱的高度(或水银柱升降刻度的位置)和大气压的变化之间关系的概念,不知道这些怎样就和降雨联系在一起,那么他认为可能下雨就纯粹是经验性的。当人们过野外生活和靠打猎、捕鱼或放牧为生时,测定天气变化的征兆和迹象就是一件非常重要的事情。在广泛地区形成的民间传说中的谚语和格言就这样产生了。但是只要没有理解某些事情为什么和怎样就出现这种迹象,只是简单地依据种种事实之间的重复的联结,而预测天气的变化,那么关于天气的一些信念就仍完全是经验性的。

同样,聪明的东方人在还不理解天体运行的

第十一章 经验思维和科学思维

规律时，即在没有一个关于事物自身内存在的连续性的概念时，他们就能够相当精确地预测出行星、太阳和月亮的周期位置，并能预告日食、月食的时间。他们是通过反复观察种种相同情况下发生的事情，才取得那些认识的。一直到不久以前，医学的实际状况也主要是在这种条件下发展的。经验表明，"大体上""一般说来"或照通常或经常的说法，当某种症状出现时，用某种药物治疗就会得到某种结果。我们关于人类个体的本性（心理学）和群体的本性（社会学）的大部分信念仍然基本上是经验性的。甚至现在被经常看作是典型的推理科学的几何学，在起初是埃及人积累的关于地表的近似的测量方法的观察记录，只是在希腊人那里，才逐步使几何学有了科学的形式。

_{在某些事情中它是足够适用}

纯粹的经验思维的种种缺陷是明显的。

1. 首先尽管许多经验的结论大体上说是正确的，尽管它对实际生活确有很大的帮助；尽管对那些善于预测天气的渔民和牧人的预言在限定的范围内，比那些完全依靠科学观察和测量的科学工作者的预报更为准确；尽管实际上经验观察和记录为科学知识的形成提供了素材和原料，然而

_{但它会导致错误的信念}

经验的方法却不能辨别结论的正确和错误。因而，经验的方法又是造成大量错误信念的根源。最普遍的谬误之一，术语称之为"误认因果"，即相信在一件事情之后出现了另一件事情，那么前者就是后者的原因。这种方法的缺陷是经验性的结论的主要根源，即使有时结论是正确的——那也几乎是出于侥幸。土豆只能在月亮上弦时下种，海边地区的人涨潮时出生，落潮时死亡，彗星是危险的预兆，摔碎镜子将有厄运降临，一种专门药物治愈一种疾病——这些以及上千个像这样的见解都是在经验的巧合和联合的基础上而得出的断言。

<small>也不能够让我们应付新情况</small>

2. 经验的事例越多，而且对事例的观察越细，那么事物之间不断联系的证据就越可靠。我们许多重要的信念，至今仍然只有这种保证。衰老和死亡，从经验来看，是所有预期中最为确定的，但是至今也没有人能讲出衰老和死亡的确切、必然的原因。即使这类由经验得到的最可靠的信念，当遇到新异的情境时也将失去作用。因为这些信念是同过去的经验相符合的，如果新的经验在相当程度上离开了过去的情境和以往的先例，它们就没有用处了。经验的推论是循着习惯造成的常规惯例进行的，一旦常规惯例消失，就再也

第十一章 经验思维和科学思维

找不到任何推论应遵循的轨迹。克利弗德发现普通技巧和科学思维之间不同,就在于此,这是很重要的。他说:"技巧能使人对付他从来没有遇到过的局面。"而且他进一步认为科学思维的定义是"将旧有的经验应用于新的情况"。

3. 我们还没有了解经验方法最有害的特点。心智的迟钝、懒惰、不合理的保守性大概是经验方法的伴随物。它对思维态度的普遍的负面影响比它获得的特别错误的结论更为突出。任何形式的推论主要依靠过去经验中观察到的种种事物的联结,而忽略了它同通常情况的不同之处,夸大能够顺利确定的事例。因为思想自然地需要一些紧密结合的动因,需要在孤立的种种事实和原因之间有某种联结的环节,为此目的就尽力地去任意虚构这种联结。幻想和神话的解释就是为了弥补所缺的环节。水泵能抽出水是因为自然界厌恶空虚;鸦片使人入睡是因为它有睡眠的效力;我们能回忆过去的事是因为我们有记忆的功能。在人类知识进步的历史中,经验论的第一阶段存在着十足的神话,在第二阶段就出现了隐藏的"本质"和神秘的"力"。正因为这种隐藏的和神秘的性质,这些原因是观察不到的,所以对于它们的

> 而且带来懒惰、专横以及教条主义

解释的价值，既不能用来证明也不能用来驳斥后来的观察和经验。所以这种信念就变成纯粹的传说了。信念的解释经过反复地灌输并相传下去，成为教条，实际上扼杀了后来的探索和反思思维。

某些人成为这些教条的公认的保护人，传道者——教育者——使这些教条永世长存。怀疑这些信念就是怀疑信念的权威；承认这些信念，就表明对权威的忠诚，证明你是好公民。被动、驯从和默许成为主要的理智的美德。对于出现的种种新异和多样的事实和事件，或者视而不见或者是强加修剪，使其与习惯的信念一致，一味引证古老的定律或一大堆混杂的没经过仔细审查的事实，而把探索和怀疑置于脑后。这种思维态度导致不愿变化，厌恶新奇，对于进步是十分有害的。凡与既定的准则不合的都是异端邪说；凡是有新发现的人就是怀疑甚至是迫害的对象。起初，信念也许是相当广泛和细致的观察的产物，一旦成为固定的传说和半神圣的信条，它就僵化了，被当作权威简单地接受下来，并且同权威人士所偶然信奉的幻想式的概念混合在一起。

二、科学的方法

科学的方法同经验的方法正好相反，科学方法是找出一种综合的事实，来代替彼此分离的种种事实的反复结合或联结。为了达到这一目的，必须把观察到的、粗糙的或凭肉眼即能看到的事实分解成大量的不能直接感觉到的更为精细的过程。

科学的方法分析了当下的实例

如果问一个普通的人，为什么一个普通的水泵开动起来，能将水塘里的水抽到高处？他将毫不迟疑地回答："是水泵有吸力。"吸力是被看作像热力和压力一样的一种力。假如这个人看到，水在水泵的吸力下只能上升大约33英尺，他能容易地解决这个难题，他所依据的原理是：各种力的强度不同，最终有个极限，到了这个极限它们就不起作用了。由于海拔高度不同，水泵吸水所能达到的高度也随之变化。对于这种现象，普通的人或者注意不到，或者即使注意到了，也错误地认为是自然界中多种多样的奇妙的异常现象之一。

采纳经验方法的阐释

科学工作者的认识则前进了一些，认为观察的事物表面看起来是一个单独的物体，实际上它是综合的。所以，他试图把水在管中上升这一单

科学方法倚赖于差异

独的事实分解成许多较小的事实，即变成资料。他的方法是尽可能地逐个地加以变换种种条件，注意当每一个条件被排除时，恰好会发生什么情况。变换条件有两种方法。第一种方法是经验的观察方法的发展。它包括在不同条件下偶然进行的大量的观察，仔细比较其结果。这样，在不同的海拔高度上，水上升的高度也不同。还有，即使在和海面等高的地方，水上升的高度也不超过33英尺，这些事实就能被重视而不会被忽略了。其目的是发现在什么特殊条件下会产生这个结果，以及排除什么条件，不会产生这个结果。这样一来，这些特殊的条件就代替了粗糙的事实。一些更确定、更精确的资料就为理解这件事提供了线索。

还有创造差异　　然而，这种对事实的比较分析的方法是有严重缺陷的；只有在相对多的不同的事实自然呈现时，才能使用分析的方法。而且，即使这些事实呈现出来，那么它们的变换对于理解所讨论的问题是否有重要意义呢？这仍然是一个疑问。这种方法是被动的，而且依靠外界偶然的事件。所以，主动的或实验的方法具有优越性。即使少量的观察事实也能暗示一种解释——一个假设或理论，依据这个暗示,科学工作者就能有意识地变换条件,并且观察发生了什么情况。如果经验的观察能向他提出暗示,水面上的空气压力和在没有什么空气压力的管子中水的上升之间可能有联系,那么他就可以有意识地将盛水的容器中的空气排除掉,看不到那个"吸力"的作用,或者有意识地增加水面上的大气压力,看有什么结果。他进行实验,计算海平面以及海平面以上各种高度的空气重量,然后推论在单位面积的水面上产生的压力,并把推论结果和实际观察所得到的结果相比较。依据某种思想或理论,变换条件而进行观察就是实验。实验是科学推论的主要来源,因为它最便于从粗糙的含混的状态中挑出重要的因素。

实验的思维,或者科学的思维,就是一种分析和综合相结合的过程,或用简单的术语说是区分和鉴别的过程。当吸力阀门启动时水就上升,把这个事实的整体分解或区分为一些独立的可变的因素,其中一些是以前从未观察的,或有一些甚至曾想到过是和这个事实有关联的。其中大气的重量这一事实被选择出来作为理解整个现象的钥匙。这种分解的方法就是分析。但是,大气和它的压力或重量这个事实不只限于这一个事例。它是一个大家都知道的事实,至少在大量其他的

> 再次分析和综合

事情中可以发现大气压力的作用。选定这个感觉不到的、细微的事实作为水泵抽水高度的实质或关键，这样，水泵这个事实就同以前孤立存在的种种普通的事实联系起来形成整体。这种同化就是综合。而且，大气压力这个事实本身是所有事实中最普通的一种——重力或万有引力。凡是适用于普通重力事实的结论，同样可以用于思考和解释水的吸力这个比较罕见的特殊的事例。这种吸力水泵被看作是相同种类事物的一种。如虹吸管、晴雨表、气球的上升，以及其他乍一看起来根本没有关系的大量事物。这是思维的综合功能的又一个事例。

如果我们现在回过头来，考察科学思维比经验思维具有什么优势，我们可以找到如下几点：

减轻误差责任　　1. 增加了安全性。由于用大气压力这个详细的、特殊的事实替代了吸力这个粗泛的、整体的和相对混乱的事实，因此提高了可靠性，增加了确定或论证的因素。后者是复杂的，它的复杂是因为有许多未知的和未提到的因素。所以，任何有关它的描述多多少少地带有偶然性，而且遇到任何未曾预见的情况变化，这种描述很可能被推翻。比较而言，空气压力这个细微的事实至少是可测量到的,可以确定的事实——能够挑选出来并且有把握加以控制。

2. 由于分析增加了推论的肯定性,因此综合就显示了妥善应付新异情况的能力。重力是比大气压力更为普遍的事实,而大气压力又是比水泵吸力作用更普遍的事实。能够用普遍的,经常发生的事实替代那些比较罕见的和特殊的事实,就是把似乎是新异的和特殊的事实变化为普通的和熟悉的原则,这样一来新奇和异常的情况就能加以控制,作出解释和预测了。

管理新业务的能力

正如詹姆斯教授所说:把热看作是运动,那么凡是适用于运动的原则,都适用于热;但是,我们每当有一次热的经验时,可以有一百次运动的经验。把光线穿过透镜看作是光线对于垂直折射的事例,你就可以用一个日常所见的无数个例子的非常熟悉的概念,即线的方向特殊变化的概念来替代比较不熟悉的透镜了。

3. 从信赖过去、常规和习惯的保守的态度,转变为相信通过对现有条件的理智控制所取得的进步,这种态度的转变当然是实验的科学方法引起的反应。经验的方法不可避免地夸大过去的影响;实验的方法则寄希望于未来的种种可能性。

对未来或发展有兴趣

经验的方法说:"在没有充分数量的事实时要等待;"实验的方法说:"制造事实。"前者依靠自然界偶然呈现给我们的某种情境的联系;后者则有意识地,有目的地努力使这种联系显示出来。用这种方法,进步的概念便获得了科学的保证。

自然的力量对逻辑的力量

一般经验大体上受到各种偶发事件的直接力量和强度的控制。凡是强烈的光亮,突然发生的事情,巨大的响声,都能引起人们的注意,并得到显著的评价。凡是暗淡的,微弱的和连续发生的事物则被人们忽视,或被认为是无关紧要。习惯的经验倾向于用直接的和即时的力量来控制思维,而不考虑那些在长时期内具有重要性的因素。总的来看,动物没有预测和计划能力,它必须对非常紧急的刺激马上作出反应,否则将不能生存。当思维能力发展了,这些刺激并没有失去它们的紧迫性和强烈性;但是思维要求这种直接即时的刺激服从于长远的要求。微弱细小的事物可能比强烈和庞大的事物更重要。后者可能象征着事物本身的力量已经耗尽;前者可能显示着一个过程的开始,这个过程包含着特有事物的全部发展趋势。科学思维首先需要的是思维者从感官刺激和习惯的束缚中解放出来,这种解放也是进步的必要条件。

请思考一下这段引文:"当人们最初想到流动的水和人力或畜力具有一样的性质;就是说,它具有克服惯性和阻力,推动其他物体运动的能力——当人们一看到溪流,便暗示了它与动物的力具有共同点——那么就增加了一种新的原动力;而且当情况允许时,这个力还能够替代其他的力。现在看来,转动的水轮和漂流的木筏具有共同点,这似乎是可以理解的,是人们所熟知的。但是如果我们追溯到早期的思想状况,当流动的水以它的光辉、巨吼和不定期的破坏激荡人心时,我们可以很容易地推想到:很明显人们决不会将它和动物强壮的力看作是一回事。"

从流水中得到的阐释

如果我们对这些明显的感觉特点,附加上各种使个人态度固定化的社会的习惯和期望,那么以前的经验——即过去的,或多或少未加控制的经验,压制自由的和暗示的弊病就变得显而易见了。抽象就是把思想从那些固定化的习惯性的性质中解放出来。只有这样才能进行更深入的分析和更广泛的推论。

抽象价值

总之,经验这一名词可以用经验的或实验的思维态度来进行解释。经验不是一种呆板的封闭的东西；它是充满活力的，不断发展的。当经验局限于往事，受习惯和常规支配的时候，就常常成为同理性和思考对抗的东西。但是，经验也包括反思思维，它使我们摆脱感觉、欲望和传统等局限性的影响。经验也吸收和融会最精确、最透彻的思维所发现的一切。确实，教育的定义应该是经验的解放和扩充。一个人在儿童时期的可塑性比较大，他还没有受孤立的经验影响，变得僵化，以致不能对思维习惯中的经验作出反应，这时，就应该对他进行教育。儿童的态度是天真的，好奇的，实验的，社会和自然界对儿童来说都是新奇的。正确的方法，保持和完善了这种态度，使得个人能找到捷径，了解整个民族缓慢的发展过程，消除那些由于呆板的常规和依靠过去的惰性带来的浪费。

第三部分

思维的训练

第十二章　活动和思维训练

本章将把以前的论述集中起来并详细地加以讨论。我们将按照人类发展的顺序来阐述，但并不是严格地遵照这一顺序。

一、活动的早期阶段

看着一个婴儿，我们常常会想到这样的问题："你猜想一下他在想什么？"照理讲这个问题是无法详细作出回答的；但是同样，这种问题可以使我们确知儿童的主要兴趣。他的首要问题是控制自己的身体，使之成为确保舒适安乐，并能有效地去适应自然和社会环境的工具。婴儿几乎对于每一件事情都要学习，像看、听、伸手、触摸、保持身体平衡、爬、走等等。即使人类比低等动

1. 宝宝的问题决定了他思考的内容

物有更多的本能反应，人类本能的倾向也没有动物那么完善。而且，人类的大多数本能倾向如果没有才智的结合和指导，就几乎没有什么用途。一只小鸡不仅后来长大了用嘴啄食，用嘴抓食，而且当它从蛋壳里出来时就要经过几次这样的尝试。这需要有眼和头的复杂的配合。而婴儿出生后几个月还没能开始明确地抓到它的眼睛所能看见的东西。即使他学会了这一适应，也需要经过几个星期的练习，才能做到抓握时既不伸得太长也不至于不及。一个小孩要抓到月亮，这的确是不可能的。他的确需要一些练习，然后才能分辨触摸一个物体是否能被抓到。眼睛一经受到刺激，手臂就本能地伸展开来，作出反应。这种倾向是准确而迅速地伸展和抓握能力的根源；尽管如此，最终要达到精通熟练，仍然需要观察，需要选择有效的动作，并按照一定的目的安排这些活动。这些有意识地选择和安排活动的作用就构成了思维，尽管它只是一个初步的思维形式。

对身体的掌控是智力问题　　因为控制身体各器官对儿童以后的发展来说是必要的，所以这样的问题就既有趣又重要了。而且，解决这个问题又为思维能力的培养提供了真正的训练。儿童很喜欢去学习运用他的手足，喜欢触摸他所看到的东西，把声音和所看到的东西联结起来，把所看到的东西和尝到的触到的东西连成一体；而且儿童在出生后的一年半中，智力水平也有了迅速的提高（这一时期，儿童掌握了身体运用的基本问题）。所有这些都充分地证明了身体控制的发展，不仅是身体本身的发展，而且有理智上的成就。

尽管最初的几个月中，儿童主要是花费时间去学习运用身体，使自己安适地适应物质条件，并且学习熟练而有效地运用事物；然而，社会的适应也是很重要的。儿童在与父母、保姆、兄弟、姐妹的联系中，就学会了满足食欲，消除不适，要求适宜的光线、颜色、声音等的示意方法。他与自然事物的联系是受人控制的，因而他很快就分辨出，人是所有与之相连的对象中最重要最有趣的对象。语言是唇舌的运动和所闻声音的精确配合，因而是社会适应的最重要的工具。随着语言能力的发展（一般在第二年），婴儿活动的适应及其与别人相处的适应就给他心智的生活定下了基调。当他看着别人在做些什么事，而且尝试着去理解，去做别人鼓励他设法去做的事时，他可能的活动范围就无限扩大了。心智活动的轮廓形

2. 社会判断和交往的问题

式，就这样在人生最初的四五年中形成了。数年，几世纪，几代人的发明和规划，已使成人的工作和职业发生了大发展，儿童正是处在这个环境之中。然而，就儿童而言，他们的活动仍然是直接刺激；这些活动是儿童自然环境中的几个组成部分；它们是吸引儿童的眼、耳和触觉，引起活动的物质条件。当然，通过他的感觉，他不能直接掌握这些活动的意义。但是，它们提供了使他产生反应的刺激；这样，他的注意力就集中在较高层次的材料，更为重要的是问题上了。前一代人的成就形成了指导下一代人活动的刺激，如果没有这一过程，人类文明的历史就不能久传了，而每一代人也就只能花费精力，亲身去从野蛮的状态重新起步。

社会判断导致模仿但并不是由模仿引起的

模仿仅仅是成人活动提供刺激的方法之一，所提供的这些刺激非常有趣、多变、复杂和新奇，所以能引起思维的迅速进步。然而，仅有模仿并不能引起思维；如果我们像鹦鹉学舌那样，通过单调地仿效别人的外部行为来学习，那就永远也无须去思维；就是我们掌握了这一模仿行为，我们也无法确知我们所做的事情有什么意义。教育家(和心理学家)经常假定重复别人行为的活动，仅仅需要模仿就够了。但是，儿童很少是通过有意识的模仿来学习的，就是说，他的模仿是无意识的。要按照儿童自己的看法，他的学习就完全不是模仿。别人的说话、手势、行为及职业，和一些推动因素一起已经发出了信号，并暗示了某些令人满意的表示方法，暗示了某些可以达到的目的。有了他自己的目的，儿童就像注意自然事件一样，去注意别人，得到更进一步的暗示，得到实现目的的手段。他选择他所观察到的某些方法，加以尝试，找出其中成功的或不成功的，并在他自己的信念中估量一下它们的价值是增加了还是减少了。就这样，他继续地选择、安置、顺应和实验，直到他能如愿以偿为止。旁观者或许观察到这一动作与成人某些动作的相似性，于是就断言这是由模仿而学来的。而事实上，它是通过注意、观察、选择、实验和证实结果得来的。正是因为运用了一个方法，才会有理智的训练和教育的效果。成人的活动在儿童心智的发展中起着重大作用。因为成人的活动给世界上的自然刺激加进了新的刺激，这些新加入的刺激更准确地适应于人类的需要，它们更丰富，有更好的组织，范围更复杂，允许有更灵活的适应，因而也就能引起更新奇的反应。但是儿童在利用这些刺激时，他所运用的方法，同他为了支配自己的身体而尽力去思维的方法是一样的。

二、游戏，工作及类似的活动形式

<small>玩耍表明从意义或者想法上对活动的支配</small>

当某些事物变成了符号，而能够代替别的事物的时候，游戏就从简单的身体上的精力充沛的活动转变为有心智因素的活动了。人们可以看到，一个小女孩把玩具娃娃弄坏了，就用这一玩具的腿来做各种各样的玩耍，诸如为它洗刷，把它放在床上以及爱抚它等等。这时她是像往常一样，把玩具娃娃的腿当作整个玩具娃娃来做游戏的，因而部分代表了整体；她不仅对当前的感觉刺激作出反应，而且对所感觉的物体的暗示意义做出反应。因此，孩子常把一块石头当作桌子，把树叶当作盘子，把椰果当作杯子。对待他们的玩具娃娃、小火车、积木和其他的一些玩具也是如此。在摆弄这些玩具的时候，他们不是生活于物质环境之中，而是生活在由物质事物所引起的多种意义的大领域里，既有自然的意义，也有社会的意义。所以当孩子在玩小马玩具，做开设商店、造

房或走访游戏的时候,总是使物质事物附属于所代表的观念上的象征事物。这样,多种意义的领域,大量的概念(这里所有理智成就很根本的东西),就都确定和建立起来了。另外,儿童不仅熟悉了种种意义,而且也把种种意义组织起来,编排分类,使之紧密连成一体。一项游戏和一个故事会慢慢地彼此融合起来。儿童最富有想象力的游戏,各种含义紧密联系也相互结合,相互关联;即使"最自由"的游戏也要遵守某些首尾一贯和统一的原则。它们都有一个开端、中段和结局。在游戏比赛中,各种秩序规则贯穿于各个小的动作之中,把它们联结起来,就会形成一个整体。在大部分游戏和比赛中都有韵律、竞争和合作,这就需要加以组织才行。因此,由柏拉图率先提出,福禄培尔再度提倡的学说,都认为游戏是儿童幼年时期主要的,几乎是唯一的教育方式,这并不是故弄玄虚或什么神秘的主张。

　　游戏态度比游戏本身更为重要。前者是心智的态度,后者是这一态度的现时的外部表现。当事物被简单地看作是暗示的媒介物时,所被暗示的东西就超越了原来的事物。因此,游戏的态度就是一种自由的态度。有了这一态度,人们就不

对想法的组织包含于玩耍中

我们如何思维

他们玩耍的态度

必再拘泥于事物的物质特性,也无须关心一件事情是否真正"意味着"他所比拟的东西了。当儿童游戏时,用扫帚来当作马,用椅子来当作火车,对于扫帚并不真的代表马,椅子也不真正代表火车的事实,他却认为无关紧要。所以,为了使儿童游戏的态度不终止于随意的幻想,并在建造一种想象的世界时能认识现存的、真实的世界,就有必要使游戏的态度逐渐地转化成工作的态度。

工作态度对手段和目的感兴趣

什么是工作?这里所说的工作不仅是外部的表现,也是心智的态度。在自然生长的过程中,孩子们最终发现那些不可靠的,假装的游戏是不合适的。因为它们虚构得太容易,不能令人满意,也没有足够的刺激,以引起满意的心智反应。想到了这一点,他就会把事物所暗示的观念恰当地应用于种种事物上了。一辆小车,带着"真的"轮子、辕轩和车身,类似于一辆"真的"车,这辆小车能满足心理的要求,比仅仅是信手拈来的任何东西假装成一辆小车要好得多了。偶尔去参加摆放"真"桌子和"真"碟子的游戏,要比总是假托一块平展的石头就是一张桌子,树叶就是碟子有更多的收获。这时兴趣的中心仍在于事物的意义上;事物越有意义,也就越有重要性。游戏的态度正是如此。但是，这时意义的特性已经改变，它必须寻找化身，或者至少要用实际事物表示。

按照字典上的说法，我们不能把这类活动称为工作。然而，这类活动却代表了一个从游戏转变到工作的过程。因为工作（是理智态度，而不仅仅是外部表现）意味着一种意义（或一个暗示，一个目的，一个目标）是适当的化身的兴趣，在客观的形式中，通过应用适当的材料和器具所表现出来的一种态度。这种态度利用了在自由的游戏中引起和建立起来的意义。但是，它却控制着意义的发展，使其应用于事物时能与事物本身可以观察到的结构相一致。

<blockquote>在过程中是为了他们的结果</blockquote>

游戏和工作的区分点，通过一般的说明差异的方法去进行比较就会完全清楚了。据说，在游戏活动中兴趣在于游戏活动本身，而工作的兴趣则在于活动终止时的结果。因此，前者纯粹是自由的，而后者则受所要达到的结果的制约。当用这种鲜明的形式说明二者差异的时候，在过程和结果之间，在活动和活动所取得的成果之间，就引进了一个错误的不自然的划分。真正的区分并不在于，为了活动自身的兴趣还是为了活动取得

<blockquote>玩耍和工作快速分离的后果</blockquote>

的成果，而在于活动自身在不断前进的过程中产生的兴趣和该活动的外部结果的利害关系，因此要有一线式的连贯性并使连续的阶段结合。两者都可以作为活动中"为了本身"的兴趣的例子；但是，在某种情况下，兴趣所在的活动或多或少是偶然性的，由于环境中的偶然事件和一时而起的念头，或受别人的偶然的指使；在另一种情况下，活动因有所趋向，有所成就而意义更加丰富起来。

假如游戏与工作态度之间的错误理论和学校实际中效果不好的方法没有什么关系的话，那么似乎就没有必要坚持仔细地分辨出更为正确的观点了。但是，在幼儿园和中小学各年级里，把游戏和工作截然分开的现象非常盛行，这就证明了理论上的区分对于教育实际的影响。在"游戏"的名义下，幼儿园的作业表现为过分的象征性、幻想性、感情化和任意性了。而在与前者相对立的"工作"的名义之下，小学的作业就包含了许多外部指派的任务。前者没有目的；后者的目的又太偏远，只有教育者才能理解，儿童却不能理解。

儿童到了一定的时期，必须扩展和更精确地认识现存事物；必须充分确定地设想目的和结果，以作为行动的指导,必须获取某些熟练的技巧,来选择和支配各种方法,用以达到这些目的。上述这些因素在较早的游戏时期,就应逐渐地引入;否则到后来突然地任意地增加这些因素,对于早期和晚期的学习来讲,显然都是没有好处的。

游戏和工作的尖锐对立,通常是与想象和实用的错误观念联系在一起的。关于家庭和邻里事务的活动兴趣,都以为仅仅是实用性的而受到轻视。让儿童洗刷碟子,置放桌子,从事烹饪,裁制玩具娃娃的衣服,制作能盛"实物"的盒子,用锤子和钉子自制玩具等,排斥了(据说是如此)儿童的美学和欣赏的因素,消除了想象的作用,使儿童的发展从属于物质的和实际的事务。然而,(据说是如此)让儿童象征性地去表演鸟类和其他动物,表演人类关系中的父亲、母亲和孩子、工人和商人、骑士、士兵和文职官员的家庭关系,都能保证人的心智的自由练习,而且这一训练既具有智力上的价值,更具有道德上的伟大价值。甚至认为,如果儿童在幼儿园里栽种和照料植物,那就是过分注重身体的和实用的方面了;然而,如果儿童戏剧式地去重演种植、耕作、收割等生产活动,而不带有什么物质材料或象征性的类似

想象和使用的错误想法

物，就可以培养儿童的想象力和精神欣赏力。更有甚者，玩具娃娃、火车、船和火车头等都被严格地禁止使用，却向儿童推荐立方体、球体和其他能代表社会活动的象征物品。越是不适宜于代表想象用途的物体，比如以立方体代表小船，就越认为它有更大的发展想象力的功能。

这种思维方法有如下几点错误：

_{实现不存在和重要想象的一个媒介}

1. 健全的想象不是用来解决不真实的问题，而是解决由暗示所引起的，理智能实现的问题。想象的运用，并不是在纯粹的幻想和空想中任意驰骋，而是扩展和丰富真实事物的方法。对孩子来讲，发生于他身边的家庭活动，并不是为了达到现实目的的功利手段；成人们为孩子作了美好世界的例子，其中的深奥是孩子们理解不透的，一个充满了神秘和允诺的世界，成人们在这个世界的一切行为都让孩子们感到羡慕。在这个世界里，成年人若把例行公事看作是自己的职责，可能会感到无聊和乏味；但对儿童来讲，却充满了社会意义。从事于这种活动，即是运用想象，来构成儿童自己所不曾掌握的、更大价值的经验。

2. 儿童们的反应大体上是身体的和感官的反应。但是教育者有时却认为儿童的反应是一种伟大道德和精神真理上的反应。儿童有巨大的戏剧模拟能力，他们的表面举止（对具有哲学理论的成年人来说）似乎表明儿童具有骑士豪侠、献身精神或崇高的风尚等品质；然而是因为他们受控于短时间的身体亢奋。要在儿童实际经验范围以外，找出象征着伟大真理的东西来是一件不可能的事情。要想试图这样去做，也只不过是引起儿童喜悦的短暂的刺激。

> 只有已经从经验中认识的才能符号化

3. 在教育上反对游戏的人，总是认为游戏仅仅是一种娱乐活动；而那些反对正统的活动的人，又混淆了工作与劳动的关系。成人都知道，重大的经济成果取决于负责任的劳动；因而，他寻求消遣、松弛和娱乐。如果儿童没有过早地受雇于工作，如果他们没有受到童工劳动的不良影响，就不会有这样的区分。不论什么事情，凡是能引起儿童兴趣的，完全是因为那些事情本身对儿童有直接的兴趣。这样，为了实用而做事，和为了娱乐而做事就没有什么差别了。他们的生活也就会更统一更健全。如果认为成年人的活动通常是在实用的压力下才能完成，因而也认为儿童不可能很自由，很愉快地去从事这种工作，那么这种假定是缺乏想象力的。决定哪一件事是属于功利

> 有用的工作不一定是必需的劳动

的，哪一件事是不受约束而有创造性价值的，不是所做的事，而是做事时的主观愿望的特性。

三、创造性作业

科学的发展源于职业

文明的历史表明，人类的科学知识和技术技能，都产生和发展于人类生活的基本问题，在较早时期尤其如此。解剖学和生理学产生于保持身体健康和活动的实际需要；几何学和机械学产生于测量土地、建筑和制造节省劳力机器的需求；天文学和航海、记程、记时一直保持着密切的联系；植物学发源于医药和农艺的需求；而化学则一直与染色、冶金和别的工业需求密切相关。反过来讲，现代工业几乎完全是应用科学。常规工序和粗糙的经验主义的用武之地在逐年缩小，而科学发现逐步地变成工业发明。电车、电话、电灯、蒸汽机等为社会的交通和管理带来了革新的成果，这些都是科学的产物。

在学校的职业课程中获取知识的可能性

上述事实都具有丰富的教育意义。大部分儿童具有显著的主动的倾向。学校也开设了大量的作业课程。一般在手工训练的项目下组织起来，也包括有学校园艺，短程旅游和各种各样的绘图艺术——开设这些课程大体上是根据实用的理由，而不是根据严格的教育上的理由。或许，当前教育上最为紧迫的问题是如何组织和联系这些学科，使它们成为养成活跃、持续、富有成效的理智习惯的工具。人们普遍承认，这些学科能抓住儿童更主要的，固有的特性（引起他们要做的愿望）。这些学科能提供很好的机会，去训练自助并有效地为社会服务，这一点也得到了大家的承认。但是，这些学科也可以用来提示需要解决的典型问题，为了解决这个问题，就要靠个人的反省活动和实验的方法，要靠获取明确的知识体系，以便日后获得更为专门的科学知识。的确，没有什么可以仅靠身体活动或熟练操作，就能保证获得智力效果的魔术。手工课程可以通过常规，口授或传统的方法来进行教学，这和书本科目的教学一样容易。但是，在园艺、烹饪、纺织或基本的木工和铁工中，理智的连续性的工作都可以这样做出计划，其必然的结果是使学生不仅积累了实践知识，认识到植物学、动物学、化学、物理学和其他学科中的科学重要性，而且（这一点更为重要）也能使他们逐步精通实验探究和证明的方法。

　　小学的课程因负担过重而普遍受到非议。要

我们如何思维

研究课程的重组　　反对恢复到过去的教育传统上去,唯一的出路就在于在各种艺术、手工与作业中寻求智力的可能性,并据此重新组织现行的课程。在这里,比任何事情都重要的是,去寻找将民族的盲目和因循守旧的经验转化成为有启发意义的,开发人心智的实验方法。

第十三章　语言和思维工具

一、语言是思维的工具

语言和思维有着特别密切的关系，因而需要专门讨论一下。逻辑这个词，是从理性发展而来的，原意是文字或语言，也指思维或理性。然而"从文字到文字"，就只能意味着理智的贫乏和思维的虚假。学校教育把语言作为学习的主要的工具（而且经常是学校的主要的教材）。但是，几个世纪以来，教育改革者对学校中流行的语言用法提出了最严厉的抨击。一种看法确信语言对思维是必要的（甚至二者是等同的），另一种看法认为语言会歪曲和隐瞒思想，两种看法形成了对立和争论。

关于思维和语言的关系一直存在着三种典型的观点：第一，认为二者是等同的；第二，认为

语言的未确定地位

文字是思维的外表和衣服,思维本身并不需要语言,只有当传递思维时,语言才是必需的;第三(这是我们这里所要坚持的观点),认为尽管语言并不是思维,但它对于交流思想,以及对于思维本身来讲却是必需的。然而,当人们说没有语言就不可能思维时,我们必须记住,语言不只是包含有口头语言和书面语言,姿势、图画、古迹、视觉现象、手指运动等,这一切有意地和人为地用来作为符号的东西,从逻辑上讲都是语言。所谓语言对思维来说是必需的,即是说符号对传递意义来讲是必需的。思维并不是应付单纯的事物,但却应付事物所暗示的意义;而各种意义必须体现在可感知的和特殊的形体中,才可能使人理解。如果事物没有意义,那就只是一种盲目的刺激,无理性的事物或者是快乐和痛苦的偶然的根源;而且因为意义本身并不是可以触知的事物,所以它们一定是附着在某些有形的物体之中。专门用来固定和传递意义的有形物体,即是符号。一个人把另一个人推出房间去,他的这一动作并不是符号。然而,如果他用手指向门口或发出声音"出去",他的行为就成为表达意义的工具了;它只是一个符号,而实质上并不是事物的全部。就

语言是思维的必要工具

因为它单独定义了意义

符号而言，它们本身是什么，我们毫不关注，但是却关注它们所代表的事物。Canis，Hund，Chien，Dog 这几个词，只要能表达出外部事物的意义，用哪一个都没有什么差别。

自然界的物体是别的事物和事件的符号。例如，云块代表雨；脚印代表运动或敌人；凸起的岩石表明地表下的矿物。然而，自然的符号有着极大的局限性。(1) 具体的或直接的感觉刺激有一种倾向，它们往往分散注意力，使人们不去注意符号所代表的事物。几乎每一个人都能想起，在用手向小猫或小狗指点着食物时，小动物仅看着我们的手，而不看我们所指示的东西。(2) 如果只凭自然符号，那么我们就主要地受外部事件的支配；我们必须等到自然事件呈现出来，才能预防或预见某些其他事件的可能性。(3) 因为自然符号起初并不是有意用来作为符号的，所以它们是累赘的，庞杂的，不方便的，难以运用的。相反，有意创造的符号，则像任何人为的工具和器具一样，其目的就是传递意义。

<small>自然符号的局限性</small>

因而，对任何高度发展的思维来说，人为的符号都是必不可少的。语言正好能满足这一方面的需要。姿势，声音，书面或印刷文字，都是精

<small>人造的符号克服这些限制</small>

确的物质实体，但是，它们自身的价值完全凭靠它们能够表示的意义的价值。人为符号在表达意义时有三方面的优点：（1）微弱的声音，细小的书写或印刷文字，它们的直接感觉的意义是微不足道的。因此，它们不能分散人们的注意力，不会影响它们所代表的意义的作用。（2）它们是在我们的直接控制之下制造出来的。因而，我们需要什么人为符号，就可以制造什么人为符号。当我们创造雨这个词时，我们就不必等待自然界有某些雨的预兆，才引起我们关于雨的思维。我们无法创造云，但我们可以做出一种声音，用来表示云的意义，这声音也就代表了云。（3）任意的语言符号既简便，又易于掌握。它们简洁轻便，而且精巧。只要我们活着，我们就呼吸，靠咽喉、口腔的肌肉变化而变更着声音的量与质，这是简便、容易而又可以控制的。身体、手和臂的姿势也可用做符号，但它们同由呼吸变化而产生的声音相比，就比较差一点，而且也难以掌握。难怪人们把口语作为有意的主要的理智符号。尽管语音精巧、优美，也容易变化，但是它是暂时的。这一缺陷由用眼睛可以看的书写和印刷的文字所弥补。文字永存。

第十三章 语言和思维工具

头脑中记着意义与符号（或语言）的密切关系，我们就可以更详尽地来说明：(1) 语言与特定的意义的关系；(2) 语言与意义组织的关系。

1. 个别意义。语言符号的作用是：(1) 选择和分辨，否则意义就会含糊不定，模糊不清；(2) 保存、记录和贮存意义；(3) 当需要理解别的事物时，可以应用语言符号。把语言的这些作用合并在一起，可以比喻为：语言符号像一堵围墙，一个标签，一种媒介——这三种功用合而为一。

(1) 每个人都有这样学习的体验：那些蒙眬和含糊的事物，有了一个适当的名称，就完全清晰和明朗了。有时意义似乎是近在咫尺，但却又难以捉摸；它没有凝结成明确的形式；设法（究竟用什么方法，这儿几乎不可能说清楚）去限定一个词的意义的范围，使文字不再是空洞的，本身就具有完整的内容。爱默生说，他宁可不知道事物本身，也要知道诗人给予它的真实名称。大概他的头脑中就记着语言的这种启发作用。儿童喜欢盘问和学习他身边各种事物的名称，这表明儿童对这些名称的意义逐步具体化个体化了。因此，他们与事物的交流就由外表的水平转移到理智的水平上去了。野蛮人认为文字有不可思议的

一个符号使意义明晰

功效,这是不足为怪的。给任何事物命名,即是给它一个称号;这样,事物就不只是物质的存在,而获得了独特的,永久的意义。野蛮人知道了人和物的名称,能够使用这些名称,也就具备了控制它们的资格。

<small>符号保留了意义</small>

（2）由于事物变化不定,或者由于我们变化不定,所以有些事情往往不能引起我们的注意。我们与事物直接感觉的关系是很有限的。自然符号所暗示的意义,仅限于能直接接触或观察的场合。但是,由语言符号所固定下来的意义,却可以永久保存,以备将来之用。即使没有表示某种意义的事物,也可以制造文字符号,使事物具有那种意义。因为理智生活依靠拥有大量的意义,语言作为保存意义的工具,其重要性就不必再说了。当然,储藏的方法并不能完全防止腐烂;同样,即使文字保持得原封不动,也会有讹误,有意义的变化。但是,这种不利的影响是一种代价,每一种生物为了获得生存的权利,都需要付出这种代价。

<small>符号传递了意义</small>

（3）意义被符号分辨出来并且确定意义之后,便有可能把这种意义用于新的场合和情境了。意义的转移和应用,是所有判断和推理的关键。一

个人能识别一种特定的云是一场特定的暴风雨的预兆，如果他的认识只限于此，那么就不会有多大的益处。因为下一次的云和雨不同于上一次的云和雨，所以他还得一次次地重新学习。这样，也就不会有智慧的累积增长了。经验可以形成物质适应的习惯，但经验不能教给我们任何事情，因为我们无法用旧经验去有意识地预料和调整新经验。要能够用过去的来判断和推论新的和未来的，即是指旧事物虽已成为过去，但其意义应以某种方式保留下来，以便用来决定新事物的特征。语言就是我们的巨大的运载工具，它就像是流动的车辆，将意义从已有的，不再与我们有关的经验转移到那些依然含混不清和无法确知的经验里去。

2. 意义的组织。我们强调语言符号和特定意义关系的重要性时，没有涉及另外一个方面，这个方面也同样是有价值的。这就是，语言符号不仅可以划分特定或个别意义，而且也是把种种意义按其彼此关系加以组织的工具。字词不仅仅是单个意义的名称或标题，它们也可以按照意义之间的相互关系组织起来而形成句子。当我们说"那本书是一本字典"或"天空中模糊流动的亮光是哈雷彗星"时，我们是在表达一种逻辑关系

符合逻辑的意义的组织取决于语言符号

——行为的分类和定义,这一行为超越了物质的事物,而达到了类和种,事物和属性的逻辑范围。命题、句子对判断的关系就像是独特的字词对意义的关系一样,主要是分析命题的各种形式,分析种种意义和概念,从而构成判断;字词构成句子,句子又构成一个更大,更完整的连贯论述。正像人们经常说的,文法表示一般心理的无意识的逻辑。我们的母语为我们创建了主要的理智的分类,这是思维活动的有效的资本。在运用语言时,我们并没有明确地意识到我们是在使用着本民族的理智的分类,这表明我们已经完全习惯于这种逻辑分类和组合了。

二、语言方法在教育上的误用

教学只是事情,并不具有教育意义

"教事物而不教文字"或"先教事物后教文学"这些格言,照字面的意义,必将导致对教育的否定,因为它减少了心理生活对单纯生理的合理调整。按照正确的意义来讲,学习,它的正确含义不是学习事物,而是学习事物的意义,而这一过程就必然包括符号的使用,或者从一般意义来说,必然包括语言的使用。同样,一些教育改

第十三章 语言和思维工具

革者对符号教学的攻击，如果走向极端，就会使理智生活遭到破坏。因为理智生活及活动，存在于定义、抽象、概括和分类的过程之中，而这些过程只有使用符号才能进行。然而，那些教育改革者的争论也是必要的。滥用一种事物所造成的弊端，同正确利用这种事物所取得的价值正好是成正比的。

前面已经指出，符号本身也和其他事物一样，是特定的，物质的，可感觉的存在物。只是因为它们暗示和代表了种种意义，才成为符号的。首先，任何一个人，只有当他具备了和意义有实际联系的某些情境的经验，他才能掌握这些符号的意义。文字可以说明和保存这一意义，全靠人们已有的与这种意义相关事物的直接交往。如果试图仅以文字来给出意义，而没有与事物发生交往，就会使文字失去可以理解的含义；一些改革者所反对的，正是在教育界非常盛行的这种倾向。而且，还有一种倾向，认为只要有了明确的语言文字形式，也就有了明确的思想；然而事实上，成人和儿童同样有使用公式的能力，他们对公式字面上的了解相当精确，而对公式的意义的了解却是最含糊最混乱的。真正的无知是更为有益的，

> 但从事物中分离出的词并不是真正的符号

因为真正的无知很可能带有谦逊、好奇和虚心等特点；而只具有重复警句，时髦名词，熟知命题的能力，就沾沾自喜，自以为富有学问，从而把心智涂上一层油漆的外衣，使新思想再也无法进入，这才是最危险的。

<small>语言会抑制人的探索与思考</small>

其次，尽管没有新事物的介入，文字新的联合也有可能提供一些新的思想，但是，这种可能性是有局限性的。人们由于懒惰而接受流行的观念，不再亲自去调查和验证。或者，人们运用思维，只是去查明别人的信念，而后就止步不前了。这样，在语言中体现出来的别人的观念，就替代了自己的观念。在教育上，语言研究和方法的误用，使得人们的思想停留在过去所达到的学术水平上，阻碍了新的探究和发现，以传统的权威来代替自然事实和规律，贬低个人的作用，仅靠从别人那里得来的间接经验，过一种寄生的生活——所有这些，都是教育改革者反对把学校卓越的工作归功于语言的原因。

再次，原先代表观念的文字，反复使用，就会变成一种单纯的号码；这时，它就被按照某些规则加以操纵，或者依据某些程序进行反应，从而失去了了解其本身含义的意识了。斯托特（把这些称作"替代符号")评论说"代数和算术的符号,在极大程度上,只是用来作为替代符号……若要从所代表的事物性质中推导出固定的明确的运用规则,就可以运用这类符号,这时,要应用这些符号就不必再去参照事物的意义了。文字是思维用来表达意义的工具;而替代符号是不用思维就能代表意义的工具。"无论如何,这一原则不仅可以应用于代数符号,也可以应用于一般的文字;文字也可使我们不用思维就能使用意义,获得结果。在许多方面,符号作为"不"思维的工具是大有益处的;因为它们代表了人们所熟悉的事物,而使人们注意于那些新奇的需要有意识地加以说明的事物。然而,学校却过分地重视于取得技术设备,产生外部结果的技巧上,常常使得这一优势变成了实际上的弊端。在运用符号时,只要求学生能够熟练地背诵和得出正确的答案,沿用指定的公式进行分析,就会使学生养成机械的,而不是富有思想的学习态度;文字的记忆也就代替了对事物意义的探究。这一危险,也许是教育上语言方法受到攻击的最主要的一个问题。

词语作为单纯的刺激

三、语言在教育上的应用

语言和教育有着双重的关系。一方面,语言经常不断地应用于学校的研究以及所有社会训练上,也不断地应用于各门学科上;另一方面,它自身又是一门独立的学科。我们所要研究的仅仅是关于语言的一般用途,因为语言的日常使用对思维习惯的影响,远远大于人类的意识和研究。至于语言科目的学习,只是为了使语言所包含的意义更加明确罢了。

语言不是主要用于思维

"语言是思想的表现",这一普通的说法只道出了一半真理,而一半真理就极有可能导致十足的错误。语言虽然可以表达思想,但是,起初并不是表达思想,甚至也不是有意识的。语言的首要动机是去影响(通过渴望、情绪和思想的表现)别人的行动;语言的第二个用途在于用语言形式与别人更亲密的社交关系;语言用来作为思想和知识的有意识的运载工具,这个用途居于第三位,其形成是比较晚的。约翰洛克作了很好的对比。他认为文字有两个用途,即"民事的"和"哲学的"。"对于语言的民事的用途,我是指由文字而

第十三章 语言和思维工具

进行的思想和观念的交流,像可以用来进行公共谈话,进行一般事务的交往和为了社会生活的便利……对于语言的哲学用途,我是指利用它们来传递事物的准确概念,表述一般的命题,表达某些毋庸置疑的真理。"

区分语言的实际用途、社会用途和理智用途,很好地说明了学校教育上有关语言的问题。这个问题就是,指导学生的口头和书面语言,使语言由原来作为实际的社交工具,逐步变成有意识地传播知识、帮助思维的工具。我们该如何做,才能既不抑制学生自发的自然动机——语言的生命力,力量,生动逼真和多样化,又能使之成为精确而灵活的理智的工具呢?仅鼓励学生自发语言的流畅,而不是使之成为一个把语言变成思维反应的得力工具人,是比较容易的;抑制甚至破坏(这是学校当前所关心的)他们自然的目的和兴趣,并在一些孤立的技术的事务中,规定人为的刻板的规则,那也是容易的。问题的困难就在于,如何把处理"日常事务"的习惯转化成为表达"精确概念"的习惯。要顺利地完成这一转变,需要:(1)扩充学生的词汇量;(2)更精确地表达词汇的意义;(3)养成连贯的口语表达的习惯。

> 所以教育要把它转换为思维工具

我们如何思维

> 要扩充词汇，
> 定义必须扩充

1. 扩充词汇量。要实现这一点，当然需要比较广泛地与事物和人进行理智的接触，也可以采取替代的方法，搜集听过的或读过的文字意义。无论依靠哪一种方法，要掌握文字的意义，就要运用自己的智慧，要采取行动，进行智力的选择和分析，也需要扩大意义或概念的储备，以便于处理将来的理智事务。一个人所掌握的词汇一般分成主动的和被动的两类，后者是由听到，看到或被理解了的文字构成，前者是由自己能够理解应用的文字构成。被动的词汇要比主动的词汇多得多，这一事实表明了个人力量所不能掌握和利用的范围。因为不能运用理解了的意义，他便只能依靠外部刺激而缺乏理智的创造。这种情形，在某种程度上，也是教育的人为的结果。幼小的儿童，通常是一旦学到了新字就试图去应用。但是当他们学会了阅读时，他们接受了大量的词汇，他们就再也没有机会去使用这些词汇了。其结果，即使不是儿童心智的窒息，至少也是一种压抑。而且，如果不能主动地运用文字的意义来确立和传递观念，那么文字的意义也就永远不会很清晰很完整。只有采取主动的活动，才能明确文字的意义。

第十三章 语言和思维工具

词汇量的有限,固然是因为经验范围的狭窄——与人和事的接触面相当狭小,而不能提出或不需要大量的文字储备,也由于自己的粗心和含糊。听天由命的精神状态使人不肯去分辨他的感觉上的或语言上的区别。文字使用上的模糊,使得事物的性质也不能确定。讲话时,把每一件事物说成"什么什么"或"这个这个",思维也就含混不清了。与儿童交往的那些人在词汇方面的贫乏,儿童读物(甚至在学校文选和课本中也常见)的浅薄和不足,都会使他的心智趋于狭隘。

> 词汇量的局限导致思维的松弛

我们也必须注意到,文字的流畅和语言的自由运用之间有很大的差别。语言表述的流利并不一定标志着一个人有大量的词汇。许多谈话,甚至是即兴的演说,在一定的活动范围内,是可以应付自如的。大多数学校苦于缺乏物质材料和设备,也许只有一些书本——甚至这些书本也是按照想象中的儿童的能力程度"写出"的。因而,就抑制了学生们掌握丰富词汇的机会和要求。学校里所学习的词汇,相当大的部分是孤立的,而且与学校以外所流行的观念和文字没有有机的联系。因此,词汇量的增加往往是有名无实的。即使有所增加,也只是些毫无生气的内容,而不是

> 支配语言包括支配事物

生动的意义和词汇。

笼统的词汇含混通用

2. 更精确的表达词汇的意义。要增加文字和概念的储备，一种方法是发现和说明意义中不明朗的部分，这就是说，要使词汇的意义更加精确。意义的确定性同词汇量的绝对增长相比，同样是重要的。

词汇的意义与重要性双重增长

词语的最初意义，由于对事物认识的肤浅，它们是笼统含糊的。幼小的儿童把所有的成年男人都喊为"爸爸"；他认识了狗之后，可能把他看的第一匹马叫做"大狗"。儿童们尽量注意到了数量和强度的差别。但是，对事物基本意义的理解却相当含糊，所以把一些根本不沾边的事物也包括进去了。许多人认为，树就是树，或者仅仅把它们分成落叶树和常绿树，只认识其中的一两种就算了。如果总是保持这种含糊、笼统的认识，就会成为思维前进中的障碍。意义混杂的词语，充其量也不过是笨拙的工具；而且，它们往往是靠不住的，由于它们是模棱两可的，就使我们把那些可以分辨清楚的事物也混淆了。

词语的意义由原来的含混不清向明确的方向发展，一般说来有两个途径：第一，发展为代表事物关系的词语；第二，发展为代表高度个性化特性的词汇。第一点同抽象思维有关系，第二点同具体思维有关系。据说，澳大利亚土著人部落并没有动物或植物这两个词语，但是对其附近的各种植物和动物却都有个别的名称。这种词汇的精密性是一种进步趋势，它标志着意义的精确，然而，这只是一个方面。个别特性虽然区分出来了，但还没有区分出个别事物之间的关系。另一方面，学习哲学，一般的自然科学和社会科学的学生又倾向于只获得大量表示关系的词语，而缺乏相对应的表示个体和特性的词语。一般采用像因果关系、法律、社会、个体、资本等词语说明了这一趋向。

在语言史上，通过文字意义的变化，我们就可以发现词汇在上述两个方面的发展：有些词语，原来是应用范围很广泛的，变成了应用范围很狭窄，仅代表个别意义的词语；另外一些原先是特殊含义的词语，变成了应用范围很广，表示事物关系的文字。例如，"vernacular"这个词，是从"verna"发展而来的，意思是土生土长的奴隶，现在的含义却是本国语。"average"一词现在的意义是平均，而原意是指船只失事后，在这一事件中应当分担责任的人按比例承担遭受的损失。

> 为了改变词汇的逻辑功能而改变其意义

这些词语的历史变化帮助教育者去理解，随着个人理智的进展而发生的变化。在学习几何时，对于线、面、角、方、圆等熟悉的名词，学生就必须学会它们狭义和广义两方面的意义。所谓狭义，即是指几何论证中的精确意义；所谓广义，并不是日常的用法，而是指一般的关系。这时，颜色和大小等特性便被排除在外；而对于方向的关系，方向的变化和界限等，则必须明确地掌握。

类似的变化发生在每一个小学生的词汇表中这样，在一般的几何学观念中，线的含义并不含有长度的意思，通常仅把一段线叫做线。在各门学科中，都会有这样的变化。正如上面已经提到的，只是在普通意义上附加一些新的和孤立的意义，而不是把真正有效的日常的和实际的意义转化成为逻辑概念，这是很危险的。

有意地确切地使用名词，以表示一个完整的意义，这种名词称为术语。就教育的意义而言，专门术语所指示的事物是相对的，而不是绝对的。名词成为专门术语，不是因为它的语言形式或它的特异性，而是它能够用来表达精确的意义。当一般名词有意识地用来达到这种目的时，就获得了术语的特性。思维越准确，术语词汇也就相对

术语的价值越多。教师们易于摇摆在专门术语的两种极端的

意见之间。一种意见认为,从各个方面增加术语的数量,似乎是学会了一套新术语,再加上语言的描述或定义,就等于掌握了一种新的观念。另一种意见,鉴于积累一套孤立的词语、隐语或者学术行话,其结果反而在某种程度上堵塞了自然判断能力的发展,因而就走向了相反的另一极端。如果专门术语被摒弃不用,那么即使"名称词语"还存在,也不是名词了,"行动词语"还存在,也不是动词了;学生可以用"去掉"这个词,但不用"减法"了;他们可以说出四个五是多少,但却不知道四乘以五是什么等等。对于产生假象而不反映真实意义的词语,抱有厌恶的倾向——这是正常的本能反应。然而,根本的问题不在于词语,而在于观念。如果不能掌握观念,就是使用更为熟悉的词语也是一无所得;如果掌握了观念,就可以用正确的术语来确定这一观念。对于表示高度精确意义的词语,应当有节制地采用,每次只有几个;应当逐渐地采用,并尽心竭力去寻求一种情境,使得意义的精确性能够得到保证。

3. 形成连贯叙述的习惯。我们已经看到,语言既能选择和确定意义,又能联结和组织意义。因为每一意义体现于某些情境之中,因此,每一

连贯讲话的重要性

个字的具体用法就属于某些句子（一个字本身有时也可以成为一个缩短了的句子）。句子又属于某些较大的故事描述或推理的过程。我们没有必要再重复前面说过的有关意义连贯而有序的重要性了。然而，我们要指出，在学校实际工作中，妨碍语言的连贯性因而极有害地干扰系统思考的几种情况：

①教师有垄断连贯叙述的习惯。如果把教师一天说话的时间统计起来，同学生说话的时间加以对比，那么许多教师都会感到震惊。而且，学生们的谈话也常常限于用简短的词语或单一的不连贯的句子来回答问题。详述和结论都由教师包办，只要学生的回答中多少有那么一点线索，教师便常常给予肯定，然后加以引申，详细讲述他认为学生应当表达的意思。这样，零星的、不连续的叙述的习惯就必然导致理智的瓦解。

太琐细的提问

②规定课业的分量太少，而且讲课时（通常是为了挨过教学时间）又有琐细的"分析性的"提问，这也会造成同样的结果。像历史、文学这样的课程，这种弊病更是登峰造极，常常把教材细分为若干小段，打乱了教材所包含的意义的完整性，破坏了教材的适当的比例。结果，就贬低

了完整的论题,不分主次地堆积一些不相联系的细枝末节。更有甚者,教师并不了解,他的头脑里装载着完整的意义,并提供给学生,而学生得到的却是孤立的残渣碎片。

③强调避免错误,而不注重获得能力,这种倾向也阻碍了连贯的叙述和连贯的思维。儿童带着求知的渴望,开始学习叙述,有时担心出现内容和形式上的小错误,便把应当用于积极思维的精力转用于避免错误上去了;甚至,在极端的情况下,消极地以沉默作为减少错误的最好方法。这种趋向在与作文、小品文、论文等有关的写作中表现得特别明显。甚至,教师郑重地劝说,儿童要时常写些琐细的题目,并且用简短的句子,因为这样做就会少犯错误。对中学生和大学生的教学,有时会降低为仅仅是检查和指出错误的技术。这样,学生们就会出现怕羞的情绪和局促不安的状态。写作的热情也就消失了。学生们的兴趣已经不在于应当说些什么,应当怎样说,才能适当地系统地表达他们自己的思想。这种兴趣一扫而光了。必须说些什么,和有些什么要说,这是完全不同的两码事。

避免误差

第十四章　观察和思维训练知识

不熟悉事实不进行思考

思维就是参照已经发现的论题材料的意义，去整理论题材料。离开材料的整理，思维就无法存在，这就如同消化不能离开对食物的吸收一样。因此，如何供给和吸收教材就成为重要的根本问题。教材的分量过少或过多，教材的排列紊乱无序，或者孤立零散，都会对思维的习惯产生不良的影响。如果个人的观察和来自他人（通过书本或语言）的知识传授都能适当进行的话，那么逻辑的训练就成功了一半。因为，观察和知识的传授是获得材料的途径，而它们进行的方法，对思维习惯又有着直接的影响。这种影响是比较深的，以致人们往往觉察不到。缺乏有营养的食品，饮食过量，或者饮食不协调，能使最好的消化受到损害——教材处理不好，就像这种情形一样。

第十四章　观察和思维训练知识

一、观察的性质和价值

上一章曾经提到过，教育改革者反对过分夸大语言的用途，反对错误地运用语言，主张把个人的和直接的观察能力作为选择性的过程。这些改革者认为当前过分地强调语言的因素，剥夺了儿童直接认识实际事物的一切机会；所以，他们呼吁要从感觉经验来弥补这一缺陷。他们满怀热情地坚持他们的主张，却常常不去研究怎么样进行观察，为什么观察具有教育的价值，因而错误地把观察本身当作目的。不论在任何条件下，也不论对任何材料，只要能进行观察，他们就认为符合教育的要求。他们具有这些看法是不足为奇的。这种把观察孤立起来的观点，还表现在认为儿童的观察能力首先得到发展，然后是记忆和想象能力的发展，最后才是思维能力的发展。根据这种观点，观察可被看作是为以后的思维过程提供所需的大量的原始材料。我们在前面已经指出，这种观点的谬误是显而易见的，因为即使是简单的具体的思维，也伴随有我们同种种事物的一切交往的关系，而不是建立在纯粹的外界物质的水平上。

使"事实"在他们中间终止的谬论

1. 所有的人都有一种自然的愿望——近似于好奇心——希望扩大他们对人和物的认识的范围。艺术展览馆的门口贴着禁止携带手杖和雨伞的标语,这一事实,很明显地证明了,对许多人来说简单地看一看是不够的,只有直接进行接触才会感到有所理解。这种对知识更充分更亲切的观察要求,同为观察而观察的有意的兴趣是完全不同的。自我扩充,自我实现的愿望,是它的动机。这种兴趣是满足的兴趣,是社会的和美感的满足,而不是认识上的满足。儿童们的这种兴趣是特别强烈的(因为他们实际经验非常少,而面对的可能性又如此之多),当成年人尚未被常规惯例搞得愚蠢的时候,也还是有这种特征的。这种满足的兴趣提供了媒介物,它把形形色色的,没有联系的,没有理智作用的大量的事物,搜集起来并联结在一起。其结果,当然是一个社会的和美感的组织,而不是有意识的理智的组织;但是,它为自觉的理智的探索提供了自然的机会和材料。有些教育家建议小学的自然科学应当培养儿童对于自然的爱好和对于美的鉴赏能力,而不是培养纯粹的分析精神。另外一些教育家则强调多搞一些饲养动物和培育植物的活动。这两方面重要的建

扩充数人的共鸣动机

议都来自经验,而不是出自于理论,但对我们上述的观点都是极好的例证。

2. 在正常的发展中,特殊的分析和观察,起初几乎是同在活动中指明手段和目的的迫切需要完全连在一起的。当人们在明智地做某件事(纯粹惯例的事除外)时,如果要使工作取得成就,他就必定要用眼、耳和触觉器官,作为行动的指导。没有持续的和灵巧的感觉训练,即使游戏和比赛也无法进行下去;在任何形式的工作中,材料、障碍物、器械以及失败和成功,都必须细心地加以注视。感觉并不是为了其自身,或为了训练的目的而发生,而是在人们试图成功地做某件事时,感觉是一种必不可少的因素。尽管做事时需要的感觉并不是为了训练而设计的,但这一方法却最经济、最彻底地影响了感觉训练。教师们曾经设计过各种各样的文案,用以培养学生尖锐而敏捷的观察力,像写字(甚至写那些他们不了解的专门术语)、排列数字和几何图形等,让学生瞬时一瞥,就能把它们复现出来。儿童在速视和充分复现,甚至复现那些复杂而毫无意义的组合体时,常常能获得很大的技巧。这种训练方法偶尔当作游戏和消遣还是有益处的;但是,使用工

为了完成事情的分析检验

直接和间接的感觉训练

具操作的木工、金工等简易的作业，或者像园艺、烹饪、动物饲养等活动，能够使眼和手得到训练，与前面的方法比较起来，就非常不适合了。那种孤立的训练，如同竹篮打水，不可能得到什么结果；即使是获得了技能，这种技能也几乎没有扩展的力量或技能转移的价值。对观察训练的批评，其根据是许多人不能正确地记忆钟表表盘上的形式和数字的排列。这种意见的错误在于话没有说到点子上去。因为人们看钟是为了查明时间，而不是去查看一下四点钟在钟面上标记的符号是Ⅲ或Ⅳ，如果观察注意于那些毫不相干的细节，反而是浪费时间。所以，在观察的训练中，行动的目的与结果是最重要的问题。

科学观察与问题相关

3. 第十章已经讨论过，随着实际思维进入理论思维，观察也进一步发展到了理智或科学的水平。而随着问题的出现和仔细研究，就要求观察较少地针对与实际目标有关系的事实，而较多地针对那些与问题相关的事实。在学校里，观察结果常常在知性培养方面毫无作用，原因在于（重要原因），他们在界定问题或者是帮助解决问题时，常将观察独立于问题的启示之外。这种孤立带来的不幸贯穿于整个过程。在整个的教育制度中，从幼儿园到小学，从中学到大学都可看到这种观察的弊病。几乎随时随地都要依赖观察，似乎观察本身就是完全的最后的目的，而不是把它当作获取资料，验证某一观念或计划，解答某一难题以及指导继之而来的思维的方法。而且，在观察中，也没有任何目的的观念作为诱因和指导，因此，理智的方法也遭到了破坏。在幼儿园里，堆满了有关几何形体、线、面、立方体、颜色等的观察物品。在小学中，在"实物教学"的名义下，事物（像苹果、橘子、粉笔等）的形状和性质，几乎是随时随地选来进行观察的；在"自然研究"的名义下，树叶、岩石、昆虫等几乎也是随心所欲地选来进行类似的观察的。在中学和大学里，进行着实验室和显微镜的观察，好像积累观察的事实和获得仪器操作技巧，就是教育的目的。

> 实物教学很少提供问题

可以把这些孤立的观察方法和科学工作者的观察方法比较一下。杰文斯评论说："只有为了验证某一理论，并由这个愿望引起和指导"的科学观察才是有效的。他又说，"可以观察和实验的事物是有限的，如果我们没有明确的目的，仅仅记录事实，那么这些记录并无任何的价值。"严格来说，杰文斯的第一点意见过于狭隘。科学工作者所从事的观察不仅是要验证一种观念（或提出某一解释性的意义），而且也要找出问题究竟在何处，或甚至要提出某一问题，并以此为指导，形成一种假说。可是，杰文斯阐述的原则，即科学工作者从来不把积累观察本身作为目的，而是经常把观察作为取得理智结论的手段，这一原则是绝对正确的。如果在教育工作中，对这一原则的力量没有足够的认识，那么所谓的观察就将大体上成为乏味呆板的作业，或者是获取技能的形式，而没有理智的价值。

二、学校中的观察方法和材料

在思维训练中，对怎样才能把观察摆到正确的位置上，学校中所使用的最好的方法，给我们提供了许多启示。

在未公开的变化中观察应包括探索与悬念

1. 它们根据合理的假设，即观察是一种主动的过程。观察即是探索，是为了发现先前隐藏着的，未知的事物，以达到实际的或理论的目的而进行的研究。观察不同于已经熟悉了的感知的认识。实际上，已知的对某些事物的认识，对于进一步探索有着重要的作用；但是它比较机械，比较被动，而观察却要求头脑灵活，警戒地注视，追求和探察。认识应用于已掌握的事物，而观察却用来探究未知的事物。有一种普遍的看法，认为感觉就像白纸上写的字，或者就像把影像印在脑子里，把印章打在蜡上，或把图形摄在照片底版上。(这些意见在教学方法上造成了灾难性的后果)提出这种意见，是由于不能辨别机械认识和生动观察之间的区别。

2. 选择适当的观察材料，引起对观察的渴望，能使观察更精密。对此，我们可以从故事和戏剧中得到许多启示。凡是有"情节兴趣"的场合，观察的机敏性就能达到高潮。为什么呢？因为旧的和新的，熟悉的和意料不到的，和谐地联结在一起。讲故事的人能使我们听得入迷，就是因为其中有理智悬念的成分。它暗示了几种可能性，但仍然不可捉摸。因此，我们就会问，接下来发生了什么？事情的结局又会如何呢？儿童对于故事的所有的显著的特点都能注意到，感到容易而充实，但儿童对某些呆板的和静止的事物进行费力的、不充分的观察，却不能提出问题或暗示出几种可供选择的结果，两相对比，是大不相同的。

当一个人做某些事情(不是那种事先就可知

在活动中显示吸引人的情节

道结果的机械性的和习惯性的活动）时，也有这样类似的情况。有些事情已经感觉到了，却不能确定。情节的发展或倾向于成功，或倾向于失败，但其时间、方式都不确定。因此，建造的手工作业就会引起儿童对于工作条件和结果的敏锐而紧张的观察。对那些较少涉及人事的题材，也可以利用这一导向结局的原则。动的事物引人注目，而它处于静止状态时则易被忽略，这是一句老生常谈。然而，经常遇到这种情形，好像要尽力地使学校的观察材料失去所有的生命力和戏剧特质，使观察沦为呆板的迟钝的形式。当然，单有变化也是不够的。变化，改

并呈循环式增长

变或运动，能够刺激观察；但如果仅仅是刺激观察，并不会引起思维。变化（像精心安排的故事或情节中的偶然事件一样）必须发生在某种渐增的顺序中；每一连续的变化都能使人回想起变化以前的原先的东西，并对以后将要出现的东西产生兴趣。如果观察的变化能够理智地加以安排，就会有助于形成逻辑思维的态度。

观察框架并非产生于什么功能

　　对生物、动物和植物的结构和功能的观察，能够最大限度地实现这种双重的要求。哪里有生长哪里就有运动，变化和过程，也就存在着变动顺序的排列。前者引起思维，后者组织思维。儿

童对于播种和注视植物生长的各个阶段，抱有极大的兴趣，就因为这种事实是在儿童眼前表演的一幕戏剧；生长的每一个步骤，对植物的命运都是至关重要的。近年来，动植物教学发生了重大的有实际效用的进展，究其原因，是由于把动植物看作能动的活的东西，而不是把它们看作无活动能力的标本，把那些静止的特性加以编目、命名和登记。如果把它们看成是死的标本，那么观察就不可避免地沦为错误的"分析"，沦为列举细节和编制目录了。

当然，观察事物静止状态的性质也有作用，而且有重要的作用。然而，若把首要的兴趣放在物体能做些什么和怎样发生作用的功能上，那么对它的结构的观察也就有了更详尽的分析研究的动机了。注意一种活动的兴趣会无意中转移到注意活动怎样进行的兴趣上去；关于动作的兴趣，也会转移到从事这种动作的器官上去。但是，一开始便按照形态学和解剖学的要求，指出各部分的形式、大小、颜色以及分布等特性，使教材割裂开来，失去了它的重要价值，成为僵死的呆板的东西。儿童知道了动物的呼吸是肺的相应功能之后，便自然地专心去寻找植物的气孔。如果他们的学习每时每刻都局限于事物结构的种种细节，而不涉及它们所包含的活动和用途的观念，那么这种学习就令人生厌了。

3. 最初的观察是为了实际目的，或仅仅为了爱看爱听。要引导这种观察，去达到一种理智的目的。学生学习观察是为了（1）发现他们所面临的疑难问题；（2）对观察到的令人费解的特征加以推测，并提出假设性的解释；（3）验证暗示的观念。

> 科学观察，应当是粗放的，集中的

总之，观察应具有科学的性质。也可以说，这种观察要遵循着广博和细致之间的有节奏的变化。吸收广泛而松散的有关的事实，以及选择少数事实，进行精密的研究，通过这两者之间的更迭，使问题变得明确起来，并提出有效的解释。广泛而不够精确的观察是必要的，因为它使学生感觉到了他所探究的事物，意识到了事物的各种关系和可能性，使他的头脑中收纳了可以使想象转化为暗示的种种材料。细致的研究也是必要的，因为它可以限定问题的性质，以便把握住实验的检验条件。后者本身因为过于特殊化和专门化，而不能激发理智的增长，前者本身则因过分肤浅和散漫，而不能控制理智的发展。生物科学、野外研究和游览，都是在自然的环境中认识各种生物，这种方式可以同显微镜的和实验室的观察交替进行。在物理科学中，对于自然界，广阔环境（包括自然地理学的环境）中的光、热、电、水蒸气、重力等现象，应当在实验控制的条件下，从中选择一些事实作为精密研究的准备。这样，学生就可以得到关于发现与验证专门的科学方法的益处，并且能意识到能量的实验室的模式同广泛的野外的实际存在之间的一致性，因而避免了关于研究事实仅是实验室所特有的这种印象（这种印象经常发生）。然而，科学的观察，并不能简单地代替以享乐本身为目的的观察。后者的观察可以磨炼才智，对于书写、绘画、唱歌等艺术用途大有裨益，而能变成真正艺术的观察。喜欢看喜欢听的人就是最好的观察者。

三、知识的传授

任何观察者自身所能达到的领域毕竟是狭窄的。在我们的每一个信念里，即使是个人直接认识所得到的信念，也有很多是无意中加入了我们听到的或读过的别人的观察和结论。尽管在我们

<small>熟人小道消息的重要性</small>

的学校里，直接观察的活动大大增加了，但教材的极大部分还是从书籍、讲演、口头交谈等其他资料得来的。怎样从人和书本传授的知识中获得理智的益处，这是一个最为重要的问题。

> 逻辑上讲，这种类别只能作为证据或者证言

无疑，教学这个词的主要意义，是同传递、灌输别人的观察和推理的结果连在一起的。在教育工作中，过分强调积累知识的理想，其根源在于不适当地突出了学习别人的知识的重要性。问题的关键在于怎样把这种形式的学习转化为理智的财富。用逻辑学的术语来说，别人经验所提供的材料是证言，即是说，利用别人提供的证据，形成自己的判断，从而获得结果。我们应该怎样对待由课本和教师所提供的教材，使之成为反省思维的材料，而不是现成的精神食粮——好像在商店里买来的东西——拿来吃掉呢？

> 他人进行的交流不应当在观测中被侵占

要回答这个问题，我们可以说明（1）传授的材料应该是必需的。那就是说，传授的材料应当是个人观察所不易获得的。通过教师或书本，对学生进行填鸭式的教学，内容又几乎没有什么更多的难点，稍加思索，即能发现问题的所在，这样就破坏了学生理智的完整性，养成心智上的奴隶性。这并不意味着别人传授所提供的材料，就

第十四章 观察和思维训练知识

应当是贫乏枯燥而又分量不足的。感觉范围极其广阔，自然与历史的世界几乎是无限的。但是，应当仔细地选择那些实际上可以直接观察的方面，并认真地加以保护，不能满足于粗枝大叶和呆板无效的观察，从而减弱了学生的好奇心。

（2）传授的材料应该是一种刺激，而不是带有教条主义的定论和僵硬的性质。如果学生们认为，任何学科都已被明确地审定过了，其知识是详尽的、终极的，那么他们可能成为俯首帖耳的学生，但他们不再是研究者了。任何思维——只要它是思维——都含有独创性的成分。这种独创性不是指学生自己的结论和别人的结论有所不同，更不是指要得出一个彻底的新奇的结论。学生的独创性同别人大量使用的材料和提出的暗示，并不是相容的。所谓独创性，是指学生对于问题有亲身探讨的兴趣，对于别人提供的暗示有反复深思的主动精神，并且真心实意地循此前进，导出经得起检验的结论。"亲自去想"这句话，就字面上看，是同义反复；因为任何思维都是由个人自己去思维。

（3）传授知识所提供的材料应当与学生自己经验中的紧要问题有密切的关系。我们曾经说过，

_{不可以在语气上教条主义}

_{应当与个人问题联系在一起}

把观察本身当作开端和目的的弊病，同样使用于讲授用的教材。教学中使用的教材，如果不适合学生自身经验中已经激发出来的兴趣，或者没有提出这样一种方式，以提高问题的质量，则对理智的发展是百害而无一利的。这种教材无法深入思维的过程，因而是无用的；这种教材像大量的废料和碎片一样，堆积在脑中，一旦出现问题，它就成了妨碍有效思维的障碍物。

先于经验体系　　换言之，这一原则是指应将传授的教材纳入学生经验的现存系统或组织之中。所有的心理学研究者都熟悉统觉原则——我们把新材料同先前吸收和保留下来的旧经验融合起来。由教师和书本所提供的教材，应当尽可能地以学生直接的亲身经验作为统觉的基础。学校中有这样一种趋势，即把学校中的教材同先前的学校课业联结起来，而不是同学生在学校外已取得的经验联结起来。教师们说："你们记得上星期我们从书本中学到的东西吗？"而不是说："你们不记得曾看过或听过这样那样的事吗？"其结果是，儿童形成了孤立的独立的学校知识系统，它静止地盖在日常生活经验的上面，使日常生活经验变得阴暗无光，而不能得到扩大和改善。我们教导学生生活于两个分离的世界，一个是校外的经验的世界，另一个是书本和课业的世界。一旦计算起来，学校里学到的东西到了校外竟是那么一点点，又觉得惊奇，这是愚蠢的想法。

第十五章　讲课和思维训练

讲课的重要性　　在讲课中，教师与学生达到了最紧密的接触。指导儿童的活动，激发儿童求知的热情，影响儿童的语言习惯，指导儿童的观察等种种可能性，都集中在讲课上。因此，我们把讲课作为教育手段而讨论它的意义时，只是阐述前面三章里研究过的各个要点，而不是提出新的论题。讲课的方法是对教师能力的严峻考验，例如教师判断学生理智现状的能力，为引起学生理智的反应而提供种种情境的能力等。总之，这是对教师的教育技巧的一个严峻的考验。

讲课与思考　　用"讲课"一词来指明在一节课的时间内，教师与学生，学生与学生之间最亲密的理智的接触这一具有决定意义的事实。"复述"一词的意义是再引证，重复，反复叙说。如果我们把一段时间称作"重复",这一名词就会比平常所指的复述间接知识、记忆以及在一定的时间内作出正确回答的"讲课"一词更加模糊,基本的事实是:讲课是刺激、指导儿童思维的场所和时间,因而,我们在这一章中所说的每一点都有重要意义,记忆和复述虽然不可缺少,但却只是养成反思思维态度的一个偶然因素。

一、指导的阶段

教师也做出了一些努力,根据普遍的原则从而形成一种方法去指导讲课。其中最重要的一种方法就是"听课";赫尔巴特给这个过程分为五个部分,被称为"正规的指导阶段"。潜在的意思是,不管教学内容在范围和细节上怎么不同,只有一个最佳方法去掌握它,因为大脑只存在一个"普遍的方法"。不管是优等生掌握数学的基本原理,还是语言学校学生了解历史,或者大学生掌握哲学,任何情况下第一步都是准备,第二步是演示,然后是比较和概括,最后是在实际的新案例中去运用。

赫尔巴特教学法分析

准备就是提出问题,激发学生联想到熟悉的

阐释方法

个人经历，这在了解新的问题时很有帮助。已知的知识为理解未知的事物提供了依据。因此，只要学生将这些认识与实际活动联系起来，那认识新事物的过程就会变得简单容易。当学生学习河流的时候，他们会首先问到他们所熟悉的小河或小溪；如果他们没见过小河和小溪，他们会联想到排水沟里的水流。"统觉团"会一直萦绕着去帮助解决新的问题。准备阶段在提出学习目标后结束。旧的知识变得活跃起睐，新的知识也"展现"在学生面前。河流的画面和地势已经展现在学生面前；教师作出生动的口头描述；如果可能，学生还会看到真实的河流。这两个步骤就结束了对实际事物知识的教学指导。

接下来的两个步骤用来指导获得准则或概念。当地的河流可能会与亚马孙河、圣劳伦斯河或莱茵河做比较；这样一来非本质的特点就消除了，就形成了河流的概念：涉及河流这个概念的基本要素就形成了。这样，最终的概念就在大脑中形成了，并用于其他河流，如泰晤士河、波河或康涅狄格河。

与之前思考分析比较

如果我们把这个指导步骤与我们自身分析问题的过程相比较,我们会对它们的相似之处感到惊讶。我们所知的"阶段"（与第六章比较）首先是问题或一个迷惑的现象的出现；然后是观察、调查事实、解决和弄清楚问题；然后形成合理的假设或猜想；然后通过在新的观察和新的实验中的应用，来检验推理。每一个过程都可分为（1）具体的事实和事件；（2）想法和推理；（3）对结果的应用。整个活动过程就是演绎和推理的过程。赫尔巴特方法没有提到困难、差异，例如整个过程中的起因和促进因素。结果导致赫尔巴特方法在处理思考的时候变成了获取知识的行为，而不是拓宽思考的行为。

在更详细地作出比较之前，我们提出这样一个问题。在任何情况下，讲课是不是都应该遵循一个统一的程式？——尽管承认这个过程表达了逻辑顺序。因为这个顺序具有逻辑性，它表达了一个人在理解了这个主题后作出的调查，而非学习的过程。前者描述了一个统一的直通的过程，后者则是一系列的增补，以及来来回回的曲折的活动。简言之，这些正规的指导阶段指出了教师在备课过程中涉及的要点，但没有描述实际的教学过程。

> 与老师准备有关而不是与讲课本身有关的正式步骤

缺乏教学准备的话，课程只会变得随意、危

险。课程要获得成功只能依赖灵感,而灵感又是这么虚无缥缈。准备有助于形成一个严格的秩序——教师检查学生课本中的确切知识。但是教师的问题不在于掌握一个主题,而是将一个主题调整为对思考的培养。前面提到的几个阶段很好地指出了教师针对一个主题应该提出的问题。那学生在接触这个主题时要做哪些准备?哪些经验可以被利用?他们学过的哪些知识可以派上用场?怎样才能有效地利用它们?我应该呈现什么样的一幅画面?我应该将他们的注意力带到什么主题上?我应该联系哪些事例?我应该做哪些比较,提出什么共同点?用什么指导整个讨论的结果?我应该怎样应用,从而帮助学生真正掌握这些原则?学生们的哪些活动能帮助他们了解真正的有意义的原则?

老师的问题

如果教师系统地考虑了上述问题的话,他不会教不好课的。当教师根据前面提到的五个阶段,更多的依据学生对各种观点作出的反应考虑问题时,他就能更灵活更自由地指导讲课,而不会将主题分散,将学生的注意力分散;他认为,为了保持一种智力的秩序,必须依据一个统一的方案,他将准备利用任何重要反应的征兆,无论其来自

只有步骤的灵活性才会赋予讲课以生命力

哪个方位。一个学生或许已经对一个原则有了某些想法——或许是错误的。那么就要在一开始就运用这个原则,证明这个原则是行不通的,然后去寻找更多的事实并做出新的概括。或者,突然提出一些事实,用来激发学生,展示更多的准备工作。如果学生们一直在思考,那他们不可能等到老师在完成准备、演示和比较后才形成自己的假设或概括。还有,除非在一开始就对熟悉和不熟悉的事物进行比较,否则准备和演示都变得没有目的性,没有逻辑目的,孤立而无意义。学生的想法不可能很宽泛,他们只会专注于一些特别的事物,而演示则成为激发事物之间各种联系的最好的方法。重点在于依据熟悉的已知的概念掌握新的概念;在于利用新的事实表达问题;任何情况下经过对比和比较双方互相支撑。简言之,在指导讲课过程中,教师将一个观点转化成几个逻辑阶段,是将基于对事物的了解的思考强加于另一个对事物不了解的思考,从而达到阻止学生自己的逻辑的目的。

> 任何一步都可能先行

二、讲课中涉及的几个因素

这些步骤反映了学生掌握知识所涉及的多个因素,它们不是高速路上的里程标志,我们应区别对待。这样就很容易理解赫尔巴特学说,将教导的步骤归纳为:第一,对特殊事实的理解;第二,理性归纳;第三,应用和论证;然后,形成假设或建议,以及详尽的细节;最后,通过在新的观察和实验中去运用它们,从而达到检验的目的。每个过程都可以分为这样几个阶段:(1)具体的事实和事例;(2)思想和推理;(3)对结果的运用。每个过程都包括演绎和归纳。我们还会为一个不同点感到惊讶,即

<small>准备就是感觉到问题之所在</small>

1. 从学生这一方面说,讲课的第一需要是准备。最好的,实际上是唯一的准备,是引起一种对那些需要解释的,意外的,费解的,特殊的事物的知觉作用。当真正困惑的感觉控制了思想(不论这一感觉是怎样出现的)的时候,思想就处于机警和探究的状态,因为刺激是内发的。问题的冲击和刺激,使心智尽其所能地思索探寻,如果没有这种理智的热情,即使是最巧妙的教学方

第十五章 讲课和思维训练

法也不能奏效。要促使理智去做通盘考虑,要回忆过去所得的知识,发现当前问题的性质,以及处理问题的方法,必须事先有掌握问题,实现目的的意念。

教师有意识地唤起学生经验中的比较熟悉的成分,并使之能够发挥作用,这样做,必须预防几种危险。(1)准备阶段不要持续过长,不可过分详尽,否则,就将事与愿违,使学生失去兴趣,感到厌烦。有些认真负责的教师提醒学生,在讲课的准备阶段,和跳远相似。如果距离起跳线太长,跑到了起跳线,由于过分疲劳反而不能跳得很远。(2)我们依靠习惯来理解新事物,但总是坚持把习惯的倾向变成有意识的观念,反而会妨碍它们发挥最好的作用。某些熟悉的经验中的若干的因素,确实要转化为自觉的认识,这正像为了使某些植物茁壮成长,必须移植一样。但是一直挖掘经验或移植看它们适应新环境的能力,无疑是致命的。过度开发旧经验的结果就是尴尬的自我限制。

_{准备中的未预见之困难}

赫尔巴特派的教育家们认为目标的描述非常重要,它是课堂准备必不可少的一部分。描述课程目的比铃声响起或其他将学生的思绪拉回课堂

_{课程目的的陈述}

的方法都要好。对于老师来说,目的非常重要,因为它具有指导意义;对于学生而言,这一目的本身具有矛盾。如果过分强调教学的结果,那么学生的反应便受到制约,其发展形成问题和思维主动性的能力会大受影响。

老师应该讲述或者展示多少

  这里没有必要说明演示在教学中的重要性,因为在最后一章会讨论观察和交流的问题。演示的目的就是充分显示问题的本质,并提供相关推论。教授的问题在于如何平衡量的问题,太少的话,不足以引起反思,太多则扼杀了思考。只要学生足够投入,老师十分愿意给学生空间去消化和吸收,那么就不要担心对某个话题说得过多。

小学生写出一个合理案例的责任

  2. 理性分析的反思阶段的显著特点,正如我们所看的一样,包括对思想的阐述,作出假设,相互比较和对照,得出定义和公式。

  (1) 考虑复述教学时,学生必须要对理论原则有所研究,找出自己结论的事实依据及事实是如何得出结论的。除非学生自己能够对自己的猜测作出合理的判断,否则复述教学是没有任何意义的。聪明的老师总会丢弃那些对学生无用的无意义的训练,而会选择与目标一致的训练。这种方法(有时叫做"推理疑问")可以培养学生的智力责任，而不仅是跟着老师走的能力。

（2）将模糊的或多少是随意的想法变得连贯又明确，这就需要间隙，放松时的自由。我们通常说让我"放松放松，找找灵感"；所有的反思，在某个意义上，都需暂停观察和思考，这样才能使想法成熟。冥思，而不去做感觉上的分析或结果的探究，是论证阶段必要的行为，就如其他时候需要做观察和实验一样。这就如同饮食的消化吸收一样，理性的考虑在思维方面的作用非常大。对不同推论的沉静的完整的思考对连贯的和集中的结论形成是有帮助的。推理并不是光靠争论、辩解、赞同或否定观点就能完成的；正如消化是不等同于大嚼大咽的。老师应该保证学生能有时间去消化。

> 身心放松的必要性

（3）在比较的过程中，老师应避免给学生提出难度相当的事实。因为注意力是有选择性的，一些客体就会占据主要的思想，并形成思考的出发点。影响到教学的一个重要之处便是老师将同等重要的客体摆在学生面前。在比较的过程中，思维并不是自然而然地由甲乙丙丁出发，去找出对应的结果。而是由某一点出发，先是模糊而分散的,然后通过与其他方面的联系,使中心点变

> 典型的中心对象是必需的

得清晰明白。光收集可对比的各个方面是成功推理的大敌。每一个可供比较的事实都应该能够让中心客体变得清晰，或扩充它的某些属性。

类型的重要性

简言之，应该努力寻找能够集中思考的典型的客体：这个典型的材料，尽管独立特别，但实际上已经暗示了一系列的事实。没有一个精神正常的人能够一开始就从宏观根本处思考河流。他首先想到的是某条河带来的疑惑。然后他会研究其他河流来弄清疑惑之处，并解决与其他河流参照对比时的各种细节。这种不断比较既保证了意义的明确性，又防止了其变得单一、狭隘。对比不同点才能将多种重要事实结合一处，形成连贯的整体。这样思维就能避免个体的孤立，也能清除某个原则的狭隘性。单个的事例和特征具有侧重性和明确性；而通用法则能够将其整合成一个系统。

含义中的洞察力影响概括

（4）于是总结并不是一个孤立单一的行为；而是在讨论和复述中实现的趋势和功用。每得出一个概念想法，都解决了疑惑，作出了解释，将分散的和不解的整合起来，因此也进一步形成归总。小孩子也同青年和成年人一样进行归纳，只不过结果不一样而已。如果他要研究河流流域的话,他就会根据搜集的一系列事实,找出一个有效作用的力,即在引力作用下的向下流淌,或是历史的不同时期作用的结果。尽管结论来自一条河流,其知识确是通用的。

在总结中公式的因素,即有意的陈述,并不是单一的行为,而具有恒定的功能。定义就是将模糊的概念变得清晰的过程。用语言表述一个定义是区别不同的最后阶段。即使在否定已存在的定义时,也不要走另一个极端,不去做对个例的总结。只有当总结出现后,思维才算找到了安宁的结果;只有获得结论之后,才能有助于将来的理解。

含义中的洞察力需要构想

3. 就像上面所说,运用和总结密不可分。机械技能运用到新情境,无须理解原理;很可能原理公式会阻碍技术的应用。但是没有原理或总结,已获得的技能很难运用到新的领域。总结的意义在于将概念从单一情况下解放出来;总结就是自由的概念;由偶然的事例得出的解放了的概念就能运用到新情境。失败的总结(无法运用到新情境),在于不能自由扩充所谓的原理。通用原则的核心在于运用。

概括意味着对新生事物适应的能力

练习的目的并不只是操练学生,让他们仅仅

我们如何思维

老化的对灵活的原则

弄明白一个原理或概念的含义。将应用看作独立的最后步骤是很危险的。在每一个判断中，都会使用到某一概念去评判解释事实；通过应用，该概念就得到了扩充与检验。通用原则通常认为是完整的，而应用则是外在的，非智力上的，仅对实际目的起作用。原理是自我存在的东西；它的使用又是另一回事了。当两者相脱离的时候，原理就会变得僵化和死板；失去了内在的活力及自我推动的力量。

自应用是名副其实原则的一个标志

一个正确的概念是一个流动的思想，它会寻求运用之处，去解释和指导行为，如同水流而下一般。精确地说，如同反思需要观察事实、组织行为，概念也需要事实和行为来检验。"耀眼的原理"并不灵活，因为它们是虚假的。应用是真正的反思探究的内在部分，就像敏锐的观察和推理一样。真正的通用原则会得到应用。教师要做的就是提供运用和练习原理的条件；而随意性的虚假的任务是不能保证原理的正确运用的。

第十六章　一般性的结论

某些思维因素应该是相互平衡的,但却常常趋于互相分离和对抗的状态,而不是相互协作,形成富有成效的反省的探究。我们提出这几个思维的因素,综合地评述我们是怎样思维的,以及我们应当怎样思维,作为本书的总结。

一、无意识的和有意识的

"理解了"这一名词的一种重要意义是完全掌握了某一事物,作为一种假定,完全同某一事物符合;这就是说,已被理解的事物是当然如此的,无须再有明确的说明。我们平常所熟悉的"不言而喻"这句话,其中"而喻"的意思就是"某事已经理解了"。如果两个人能够相互理解地进行谈

理解作为无意识的假定

话，那是因为他们有共同的经验，这一共同的经验提供了他们之间相互理解各自言谈的背景。探讨和阐明这种共同的背景是愚笨的；这种背景是"已经理解了的"；就是说，这种背景默默地提供了理所当然的媒介，这就是观念的理智交流的媒介。

<small>询问作为有意识的构想</small>

然而，如果两个人发现他们各自的意见是矛盾的，就有必要以各自的意见为基础，去查找和比较它们的前提，隐含的关系。这样，隐含的就变成了明确的；无意识的假定，经过阐明论证，成为有意识的了。用这种方法，就消除了误解的根源。一切富有成效的想法，都包含着有意和无意的节律。一个追求对思维不断训练的人，理所当然认可这些理念（因此对无意识不做任何表述），并确信和他人交流时坚持了这些理念。某些情形、某些条件和控制目的完全地支配了他的思路，以至于不需要进行有意识的构造和阐述。明确的思路仅在有暗示或能理解的内容的范围内奏效。但是，在某些情形下，问题的反映有必要对相似的背景进行有意识的检查核实。我们必须进行部分无意识的假设，并使之更加明确。

对于怎样才能使两个方面的心智生活达到适当的平衡和有节奏的变化，我们无法拟定出任何

第十六章 一般性的结论

规则来。同样,对于自发的、无意识的态度和习惯,到了何种程度便应该受到检查控制,使其隐含的意义变得明确起来,我们也不能规定任何的条例。对于到了什么时候什么限度,才应当从事分析性的检查和有意识的说明,也没有人能明智而详细地作出回答。我们可以说,他们必须进行足够的检测和防范,即足以使个人知道他是如何指导他自己的思维;但是,在特定的场合下,这又是怎样的程度呢?我们可以说,必须进行到足以发觉和预防一些错误的感觉和推理,并获得研究的方法;但是,这种方法仅仅是重申了原先的困难而已。因为在特殊的事件中,我们所依靠的是个人的倾向和机智,检验教育的成功与否,最为重要的是看这种教育是否培养出一种思维形式,能够在无意识的和有意识的之间保持平衡的关系。

<small>不能通过获得平衡来赋予规则</small>

我们前面批评了错误的"分析"的教学方法,它的错误就是因为放弃了无意识的态度和有效的假定,而追求直接明确的注意和阐述,以求取得较好的效果。单纯为了有意识地去阐述它,而把眼睛紧紧盯住熟知的、一般的、机械的事物,这既是一种不恰当的干涉,也会引起厌烦的心情。被迫去有意识地详细阐述习惯了的事物,是无聊

<small>要避免过度分析</small>

的本源。这种教学方法减弱了学生的好奇心。

> 对错误的察觉和对真理的紧握，需要有意识的陈述

另一方面，是指我们前面批评过的，单纯的机械的技能。我们曾经说过，提出真正的问题，提出新异的事物，获得大量的一般意义，其重要性也应加以考虑。眼睛紧紧盯住那些顺利有效的事，而不去有意识地搞清错误或反复失败的根源，也会导致有效思维的失败。过分地简单化，以及为了追求迅速的技能而排斥新异的情境，为了防止错误而故意回避障碍，这和试图让学生去阐述他们已知的每一件事情，去说明获得结果的过程中的每一步骤一样，是有害的。遇到困难的问题，就需要进行分析性的检查。每当解决了一个难题，就应当把有关这一问题的知识积存起来，使之成为解决更深一层问题的有效资源。因此，有意识的总结和组织是绝对必要的。在学习某一学科的早期阶段，大量自发的、无意识的心理活动，即使冒有随意实验的危险，也还是允许的，但到了学习的后一阶段，就应当鼓励有意识的阐述和复习。推测和反省，直接前进和回顾检查，应当交互为用。无意识为我们提供了自发性行为和新鲜的兴趣，而意识则为我们提供了控制和掌握思维的能力。

二、过程和结果

在心智活动中，过程和结果也同样具有平衡的特征。在考虑游戏与工作的关系时，我们就可以发现调节这一平衡的一个重要方面。在游戏中，兴趣集中于活动，与结果并无多大的关系。连续发生的行为、印象、情绪，依靠这些表现就可得到满足。而在工作中，却由结果来控制着注意力和手段。二者只是兴趣的方向有所不同，强调的重点有差异，它们并不是根本分裂开来的。如果把活动或结果中比较突出的方面，有意识地彼此孤立起来，造成二者分离，游戏就会退化为傻打傻闹，工作也就变成苦役了。

_{再次玩耍和工作}

所谓"傻打傻闹"，我们理解为，依靠一时的怪想和偶发事件，来发泄过剩精力的一系列毫不相关的即时活动。如果把所有同结果有关的认识都从连续的观念和行为中排除掉，这连续的观念和行为便各自分开，变成幻想的、任意的、无目的的，即只是傻打傻闹了。儿童和动物都有根深蒂固的顽皮好闹的倾向；这一倾向也并不完全是坏的，因为它有抵制常规旧套的作用。即使纵情

_{玩耍不可以糊弄}

于梦想和幻想之中，也可以启动心扉于新的方向。但是，过度地沉溺于梦幻之中，便会招致精力的浪费和溃散。而唯一可以防止这种结果的方法是使儿童能在某种程度上预测他们活动的结果，以及大体上可能产生的影响。

不可以做苦差事

然而，如果唯一的兴趣仅限于结果，那么工作就变成苦役了。所谓苦役，是只对结果产生兴趣的那些活动，而对这些活动取得结果的过程并没有兴趣。每当一项工作变成苦役时，做事的人就对工作过程的价值失去了兴趣，而只关心行为的结果。工作本身需要付出能量，这是令人生厌的；但这又是必要的，因为没有它，一些重要的结果就无法得到。众所周知，世界上有许多必须去做的工作，对此，人们并没有内在的强烈的兴趣。然而，有一种观点认为，儿童应当去干一些苦差事，从而养成忠于令人生厌的职责的能力，这种观点是完全错误的。强制儿童去做令人生厌的工作，结果只能是对于职责的厌恶、躲避和推诿，而不是对于职责的忠诚和热爱。要使儿童愿意做本来并不吸引人的事，最好的方法是让他理解工作结果的价值，使对价值的意识转移到工作的过程之中。工作本身并没有兴趣，而是借用了

第十六章 一般性的结论

结果的兴趣,把工作过程与结果联系起来。

工作和游戏的分离,结果和过程的分离,造成了对理智的危害。有谚语为证:"不游戏,光干事儿,小孩变成傻宝贝儿。"相反,如果儿童仅有游戏而无工作,事实将充分表明,傻打傻闹是近于愚蠢的。既爱游戏,同时又严肃正经是可以做到的,这正是理想的心智生活的状态。心智针对一个主题,在自由的游戏中,表现出理智的好奇心和灵活性,而没有独断和偏见。这种自由的游戏,并不是鼓励把某一问题当作玩耍取乐的手段,而是超脱成见和习惯的目的,其兴趣在于剖析问题的各个方面,使其意义充分展现出来。理智的游戏具有开通的头脑,相信思维的力量,保持思维的完整性,不受外部的诱惑或专横的限制。因此,理智的自由游戏就包含严肃性,它热切的追求问题的发展,它与粗心或轻率是不相容的,因为它要求精确地说明取得的结果,使每一结论有更长远的用途。所谓"为真理而求真理的兴趣",当然是一件严肃的事情,然而,这种纯粹的兴趣,实际上是与爱好探究性的自由游戏的思维相一致的。

> 要平衡玩耍和严肃这种智力上的想法

尽管有许多相反的表面迹象(通常因为社会条件,或者是财富过剩,导致了人们闲散的玩耍,

> 心灵的自由嬉戏,在童年是很正常的

或者是过度的经济压力,强使人们去干苦差事),但是,在正常情况下,在儿童时期,把自由的游戏和认真的思考结合起来的理想是可以实现的。关于儿童生活的许多成功的描绘,既显示出了他们对于未来的无忧无虑,也至少明显地表现了他们的专心致志的沉思。为现在而生活,同提炼现在生活中的深远意义并不矛盾。这种充实的现实生活,正是儿童正当的继承物,也是他们将来成长的最好保障。迫使儿童过早地关心遥远的经济成果,在某一特殊的方面,虽可以惊人地磨炼他们的才智,但是这种过早的专门化却要付出代价,即形成漠不关心和感觉迟钝的状态,这是很危险的。

艺术家的态度　　艺术起源于游戏,这是老生常谈了。不论这句话从历史上看是否正确,它指出了理智游戏和严肃态度的和谐,从而描述了艺术的理想。艺术家如果过多地专心于方法和材料上,他虽可以获得精妙的技巧,但却没有得到优秀的艺术精神。相反,如果生动活泼的意念超过了已经掌握的方法,虽然可以表现艺术的感觉,但是因艺术表现的技巧过于贫乏,因而不能彻底表现艺术的感觉。思维的目的要相当适当,才能转化成手段,使手段体现适当的目的，或者通过对目的的认识，又激发了为此目的服务的手段，这样，才会有艺术家的典型的态度。这种态度在我们的一切活动里都是可以表现出来的，即使不是传统上所说的"艺术"，也能表现出这种态度。

教学是一种艺术，而真正的教师就是艺术家。这也是一句老生常谈。教师是否有权加入艺术家的行列，要看他是否能够培养青年或儿童也具有艺术家的态度。有些教师能够激发热情，交流思想，唤起活力。果然如此，当然是好的。但是最后的检验还要看他能否成功地把这一热情转化为有效的力量；也就是说，他能否使学生注意事物的详情细节，以保证能够掌握实施的手段。如果不能，学生的热情就会减少，兴趣就会消失，而理想也只能成为糊涂的记忆了。另有一些教师，能够成功地训练学生的灵巧，技能及对技术的精通。到了这种程度，当然也是好的。但是，如果不能扩大理智的视野，提高价值的辨别能力，以及增强对观念和原则的感受，这种训练即使能获得某些技能，也往往会与目的相去甚远。而且，随着情境的不同，这种技能也仅仅表现为合于私利的灵巧，俯首帖耳地接受别人的指派，或者在

老师教学的艺术以养成这种态度而告终

常规旧套中,干着令人不可想象的苦差事。既要提出激动人心的目的,又能训练实施的手段,并使两者和谐一致,这既是教师的难题,又是对教师的酬报。

三、远和近

<small>对熟悉的内容不感兴趣</small>

有些教师留心避免那些和儿童经验毫不相干的教材,但他们常会惊奇地发现,学生们对于他们知识范围之外的事情感到兴趣盎然,而对于很熟悉的教材反感到索然无味。在地理学科上,儿童似乎对乡土环境的理智魅力毫无异常反应。但是,对于山或海却津津乐道。教师从学生的作文中可以看到,他们很不愿意描述十分熟悉的事物,有时甚至渴望去写那些玄虚虚假的题目。一个受过教育的妇女,记录了她当工厂工人的经历,并在上班时间里,把《小妇人》的故事讲给女工们听。女工们毫无兴趣,只是说:"那些女孩子的经历有什么稀奇?还比不上我们呢!"她们想听的是有关大富翁和社会名流的故事。一个关心日常劳动心理问题的人,曾经问过苏格兰棉厂里的一位女工,她们整天在想些什么。她回答说,只要机

第十六章 一般性的结论

器一开动,她的心闲下来,便想要同一位公爵结婚,有朝一日继承他的遗产。

当然,我们讲这些偶然的事例,并不是为了鼓励人们去采用那些耸人听闻的,离奇的或令人费解的教学方法。而是为了强调这么一点:熟悉的和相近的教材,本身并不能引起思维或使思维作出反应,只有用它们来理解陌生的和相远的教材时,才是有用处的。心理学常识告诉我们,旧的或者我们完全熟悉了的事物,并不能引起我们的注意。这是有充分的道理的,因为新环境不断地要求人们去适应,如果仅仅注意于旧的事物,那就会浪费精力,而且是很危险的。思维必须准备用来对付新的,不确定的和疑难的问题。因此,如果使学生的思维仅限于他们业已熟悉的教材上,便会压制他们的理智,涣散他们的感觉能力。我们不必去注意旧的,近的,习惯了的事物,但是要利用它们;它们不提出问题,但提供解决问题的材料。

从那以后只有少数需要关注

前面谈到的内容,引出了思维中新与旧,远与近的平衡的问题。比较远的提供刺激和动机;比较近的供给观点和可以利用的材料。这一原则也可以变换一种说法:只有当难和易之间有适当

反过来,只有通过旧事物才能被给予关注

的比例时，才会出现更好的思维。容易和熟悉，就像奇异和困难一样，有相同的意义。太容易了，没有探究的基础；太困难了，探究就无法进行。

<small>给予的和建议的</small>

近和远的相互作用是不可缺少的，这是直接由思维的本质所决定的。只要有思维，那么当前存在的事物就可以暗示或象征尚未出现的事物。同样，熟悉的，旧的事物必须在新的情境中提示出来，才能推动思维前进；才能找出新的和不同的事物。如果所提供的材料全是新奇的事物，那么就失去了可以用来理解任何事物的暗示的基础。例如，一个人开始学习分数的时候，若不向他指出与他已经掌握了的整数之间的关系，他就会感到很困惑。而等到他彻底地熟悉了分数的时候，他对分数的感知便成为某些行为的单纯的符号了；它们是"替代符号"，他不用思维就可以马上对这些符号作出反应。不过，如果情境中全部是新异的和不确定的事物，则全部的反应就不是自动的，而是解决一个问题，就是利用这种自动的反应。新教材通过思维变成了熟知的旧经验以后，又用来判断和融化更新的教材，这种螺旋上升的过程是永远没有止境的。

在每一个心智活动里，既需要想象又需要观

察，这说明了上述原则的另一个方面。一些教师试图采用传统形式的"实物教学"，他们通常会发现，学生被新的课程所吸引，认为这是一种消遣，但一旦新课程变成了理所当然的事情，他们就像以前机械地学习符号一样，感到单调和厌倦。想象不能仅仅拘泥于实物，而应使之丰富起来。教学中，"从事实到事实"就会使学生成为一种追求狭隘的平庸之辈，这不是因为事实本身有局限性，而是因为把事实分成了一成不变的，预先准备好的若干条目，想象的余地就没有了。提出事实是为了刺激想象，如果能在新的情境中提示出事实来，那么想象也就自然地随之丰富了。反过来讲，也是对的。想象也并不一定是空幻的，即是说，不一定是不真实的。想象所特有的作用，在于发现在现有的感官知觉条件下，不能显示出来的现实性和可能性。想象的目标是对于遥远的、模糊的和难解的事物，具有明晰的洞察力。历史、文学、地理、自然科学，甚至几何学和算术，都有大量材料，要想完全理解，必须依靠想象。想象补充，加深了观察；只有当它沦为幻想时，它才妨碍观察，而失去其逻辑的力量。

最后需要说明的是，一个人对于人和物相接

> 观察提供了相近的和遥远的想象

我们如何思维

通过与他人交流的经验

触所获得的狭隘的经验,以及从知识传播中所获得的广泛的种族经验,这两者之间的关系,也可以表示近与远之间所要求的平衡。在大量知识需要传播的条件下,教育上常有淹没学生个人的生动经验(虽然这种经验是狭隘的)的危险。充满活力的教师能够传播知识,激励学生通过感官知觉和肌肉活动的狭窄的门户,进入更完满,更有意义的人生;而单纯的教书匠却止步不前,无所作为。真正的传播知识,包含着思想的传导;如果传播知识不能使儿童和他的民族之间发生共同的思想和目的,那么所谓传播知识不过是徒有虚名而已。

附录

杜威小传

约翰·杜威于 1859 年 10 月 20 日出生于佛蒙特州伯灵顿城一个杂货店商人家庭。1875 年进佛蒙特大学，1879 年毕业后先后在一所中学和一所乡村学校教书。这期间他阅读了大量的哲学著作，深受当时美国圣路易学派的刊物《思辨哲学杂志》的影响，在该刊物发表了《唯物主义的形而上学假定》等三篇哲学论文，深受鼓舞，从此决定以哲学为业。1882 年杜威成了约翰·霍普金斯大学的研究生，在此他听了皮尔士的逻辑讲座，深受影响。两年后他以《康德的心理学》论文获得哲学博士学位。

1884 年杜威到密执安大学教授哲学，1888 年任明尼苏达大学哲学教授，一学年后仍回密执安大学任教，直至 1894 年。在此期间出版了他的头两部著作《心理学》(*Psychology*)（1887）和《人类悟性论》(*Leibniz's New Essays Concerning the Human Understanding*)（1888）。这时他的哲学观点大体上接近新黑格尔主义。他对心理学研究很感兴趣，并将其融合进哲学研究中。正是这种研究使他走上实用主义道路。在这方面，当时已出版并享有盛誉的威廉·詹姆斯的《心理学原理》对他产生了强烈影响。杜威对心理学的研究又促使他进一步去研究教育学。他主张用心理学观点去进行教学，并认为应当把教育实验当作哲学在实际生活中的运用的重要内容。1894年他应聘去了刚建立不久的芝加哥大学，并长期任哲学系主任。他在芝加哥大学任教10年，正是在此期间，杜威的思想从早期的新黑格尔主义转向实用主义。他团结了一批志同道合者，形成了美国实用主义运动中一个最重要的派别——芝加哥学派。这种思想的转变集中体现在他们共同创作的《逻辑理论研究》（*Studies in Logical Theory*）(1903) 论文集中，杜威称这本书是工具主义学派的"第一个宣言"。他还在芝加哥大学创办了有名的实验学校，把他尚不成熟的想法直接运用于教育实践。这个学校抛弃传统的教学法，不注重书本而注重接触实际生活，不注重理论知识的传授而注重实际技能的训练。他后来一直倡导的"教育即生活""从做中学"等口号就是对这种教学法的概括。

1904年，由于与芝加哥大学管理者在实验学校上产生分歧，杜威辞去芝加哥大学的教职。这时他的哲学地位已经得到巩固，因此很快就受邀于哥伦比亚大学哲学系。杜威后来的哲学生涯都在哥伦比亚大学度过。

在哥伦比亚大学的前十年，杜威撰写了大量关于知识理论和形而上学的文章，并结集出版在两部著作中：《达尔文对哲学的影响及其他当代思想论文》(*The Influence of Darwin on Philosophy and Other Essays in Contemporary Thought*)（1910）与《实验逻辑文集》(*Essays in Experimental Logic*)（1916）。同时，他对教育理论的兴趣更为浓厚，并创作出版了两部重要著作，一部是《我们如何思维》(*How We Think*)（1910），这是其知识理论在教育方面的运用，另外一部是《民主与教育》(*Democracy and Education*)（1916），本书也许是他在这一领域最重要的著作。

杜威作为最重要的哲学家和教育理论家的声誉在哥伦比亚日益显赫，而且在公众心目当中，他还是一位重要的社会问题评论家。他经常为诸如《新共和》《民族》等大众杂志撰稿，并不断参与争取妇女选举权和成立教师工会等各种政治活动。这种声名让他不断受邀在学术和大众场合发表演讲。他在该期间最重要的作品都是这些演讲的结果，如《哲学的重建》(*Reconstruction in Philosophy*)（1920），《人性与行为》(*Human Nature and Conduct*)（1922），《经验与自然》(*Experience and Nature*)（1925），《公众及其问题》(*The Public and its Problems*)（1927），《确定性的寻求》(*The Quest for Certainty*)（1929）。

杜威于1930年从教学岗位上退休，但作为公众人物的活动并未减少，在哲学论著方面也笔耕不辍，相继出版了《艺术即经验》(*Art as Experience*)（1934），《一种共同信仰》(*A Common Faith*)（1934），《逻辑：探索的理论》(*Logic：The Theory of*

Inquiry)(1938),《自由与文化》(*Freedom and Culture*)(1939),《价值理论》(*Theory of Valuation*)(1939),《认知与所知》(*Knowing and the Known*)(1949,与 F. Bentley 合著)。

杜威于 1952 年 6 月 2 日去世,享年 92 岁。